海上絲綢之路基本文獻叢書

河漕備考（上）

〔清〕朱鋐 撰

文物出版社

圖書在版編目（CIP）數據

河漕備考．上 /（清）朱鋐撰．-- 北京 ：文物出版社，2022.7
（海上絲綢之路基本文獻叢書）
ISBN 978-7-5010-7587-4

Ⅰ．①河… Ⅱ．①朱… Ⅲ．①黄河－分叉型河段－河道整治－史料－古代 Ⅳ．① TV882.1

中國版本圖書館 CIP 數據核字（2022）第 096919 號

海上絲綢之路基本文獻叢書

河漕備考（上）

撰　　者：〔清〕朱鋐
策　　劃：盛世博閲（北京）文化有限責任公司

封面設計：鞏榮彪
責任編輯：劉永海
責任印製：王　芳

出版發行：文物出版社
社　　址：北京市東城區東直門内北小街 2 號樓
郵　　編：100007
網　　址：http://www.wenwu.com
經　　銷：新華書店
印　　刷：北京旺都印務有限公司
開　　本：787mm×1092mm　1/16
印　　張：15.25
版　　次：2022 年 7 月第 1 版
印　　次：2022 年 7 月第 1 次印刷
書　　號：ISBN 978-7-5010-7587-4
定　　價：98.00 圓

總緒

海上絲綢之路，一般意義上是指從秦漢至鴉片戰争前中國與世界進行政治、經濟、文化交流的海上通道，主要分爲經由黄海、東海的海路最終抵達日本列島及朝鮮半島的東海航綫和以徐聞、合浦、廣州、泉州爲起點通往東南亞及印度洋地區的南海航綫。

在中國古代文獻中，最早、最詳細記載『海上絲綢之路』航綫的是東漢班固的《漢書·地理志》，詳細記載了西漢黄門譯長率領應募者入海『齎黄金雜繒而往』之事，書中所出現的地理記載與東南亞地區相關，并與實際的地理狀况基本相符。

東漢後，中國進入魏晉南北朝長達三百多年的分裂割據時期，絲路上的交往也走向低谷。這一時期的絲路交往，以法顯的西行最爲著名。法顯作爲從陸路西行到印度，再由海路回國的第一人，根據親身經歷所寫的《佛國記》（又稱《法顯傳》）一書，詳細介紹了古代中亞和印度、巴基斯坦、斯里蘭卡等地的歷史及風土人情，是瞭解和研究海陸絲綢之路的珍貴歷史資料。

隨着隋唐的統一，中國經濟重心的南移，中國與西方交通以海路爲主，海上絲綢之路進入大發展時期。廣州成爲唐朝最大的海外貿易中心，朝廷設立市舶司，專門管理海外貿易。唐代著名的地理學家賈耽（七三〇～八〇五年）的《皇華四達記》記載了從廣州通往阿拉伯地區的海上交通『廣州通夷道』，詳述了從廣州港出發，經越南、馬來半島、蘇門答臘半島至印度、錫蘭，直至波斯灣沿岸各國的航綫及沿途地區的方位、名稱、島礁、山川、民俗等。譯經大師義净西行求法，將沿途見聞寫成著作《大唐西域求法高僧傳》，詳細記載了海上絲綢之路的發展變化，是我們瞭解絲綢之路不可多得的第一手資料。

宋代的造船技術和航海技術顯著提高，指南針廣泛應用於航海，中國商船的遠航能力大大提升。北宋徐兢的《宣和奉使高麗圖經》詳細記述了船舶製造、海洋地理和往來航綫，是研究宋代海外交通史、中朝友好關係史、中朝經濟文化交流史的重要文獻。南宋趙汝適《諸蕃志》記載，南海有五十三個國家和地區與南宋通商貿易，形成了通往日本、高麗、東南亞、印度、波斯、阿拉伯等地的『海上絲綢之路』。宋代爲了加强商貿往來，於北宋神宗元豐三年（一〇八〇年）頒佈了中國歷史上第一部海洋貿易管理條例《廣州市舶條法》，并稱爲宋代貿易管理的制度範本。

元朝在經濟上採用重商主義政策，鼓勵海外貿易，中國與歐洲的聯繫與交往非常頻繁，其中馬可•波羅、伊本•白圖泰等歐洲旅行家來到中國，留下了大量的旅行記，記録元代海上絲綢之路的盛况。元代的汪大淵兩次出海，撰寫出《島夷志略》一書，記録了二百多個國名和地名，其中不少首次見於中國著録，涉及的地理範圍東至菲律賓群島，西至非洲。這些都反映了元朝時中西經濟文化交流的豐富内容。

明、清政府先後多次實施海禁政策，海上絲綢之路的貿易逐漸衰落。但是從明永樂三年至明宣德八年的二十八年裏，鄭和率船隊七下西洋，先後到達的國家多達三十多個，在進行經貿交流的同時，也極大地促進了中外文化的交流，這些都詳見於《西洋蕃國志》《星槎勝覽》《瀛涯勝覽》等典籍中。

關於海上絲綢之路的文獻記述，除上述官員、學者、求法或傳教高僧以及旅行者的著作外，自《漢書》之後，歷代正史大都列有《地理志》《四夷傳》《西域傳》《外國傳》《蠻夷傳》《屬國傳》等篇章，加上唐宋以來衆多的典制類文獻、地方史志文獻，集中反映了歷代王朝對於周邊部族、政權以及西方世界的認識，都是關於海上絲綢之路的原始史料性文獻。

海上絲綢之路概念的形成，經歷了一個演變的過程。十九世紀七十年代德國地理學家費迪南・馮・李希霍芬（Ferdinad Von Richthofen，一八三三～一九〇五），在其《中國：親身旅行和研究成果》第三卷中首次把輸出中國絲綢的東西陸路稱爲『絲綢之路』。有『歐洲漢學泰斗』之稱的法國漢學家沙畹（Édouard Chavannes，一八六五～一九一八），在其一九〇三年著作的《西突厥史料》中提出『絲路有海陸兩道』，蘊涵了海上絲綢之路最初提法。迄今發現最早正式提出『海上絲綢之路』一詞的是日本考古學家三杉隆敏，他在一九六七年出版《中國瓷器之旅：探索海上的絲綢之路》中首次使用『海上絲綢之路』一詞；一九七九年三杉隆敏又出版了《海上絲綢之路》一書，其立意和出發點局限在東西方之間的陶瓷貿易與交流史。

二十世紀八十年代以來，在海外交通史研究中，『海上絲綢之路』一詞逐漸成爲中外學術界廣泛接受的概念。根據姚楠等人研究，饒宗頤先生是華人中最早提出『海上絲綢之路』的人，他的《海道之絲路與昆侖舶》正式提出『海上絲路』的稱謂。選堂先生評價海上絲綢之路是外交、貿易和文化交流作用的通道。此後，大陸學者馮蔚然在一九七八年編寫的《航運史話》中，使用『海上絲綢之路』一詞，這是迄今學界查到的中國大陸最早使用『海上絲綢之路』的人，更多地限於航海活動領域的考察。一九八〇年北京大學陳炎教授提出『海上絲綢之路』研究，并於一九八一年發表《略論海上絲綢之路》一文。他對海上絲綢之路的理解超越以往，且帶有濃厚的愛國主義思想。陳炎教授之後，從事研究海上絲綢之路的學者越來越多，尤其沿海港口城市向聯合國申請海上絲綢之路非物質文化遺産活動，將海上絲綢之路研究推向新高潮。另外，國家把建設『絲綢之路經濟帶』和『二十一世紀海上絲綢之路』作爲對外發展方針，將這一學術課題提升爲國家願景的高度，使海上絲綢之路形成超越學術進入政經層面的熱潮。

與海上絲綢之路學的萬千氣象相對應，海上絲綢之路文獻的整理工作仍顯滯後，遠遠跟不上突飛猛進的研究進展。二〇一八年厦門大學、中山大學等單位聯合發起『海上絲綢之路文獻集成』專案，尚在醖釀當中。我們不揣淺陋，深入調查，廣泛搜集，將有關海上絲綢之路的原始史料文獻和研究文獻，分爲風俗物産、雜史筆記、海防海事、典章檔案等六個類别，彙編成《海上絲綢之路歷史文化叢書》，於二〇二〇年影印出版。此輯面市以來，深受各大圖書館及相關研究者好評。爲讓更多的讀者親近古籍文獻，我們遴選出前編中的菁華，彙編成《海上絲綢之路基本文獻叢書》，以單行本影印出版，以饗讀者，以期爲讀者展現出一幅幅中外經濟文化交流的精美畫卷，爲海上絲綢之路的研究提供歷史借鑒，爲『二十一世紀海上絲綢之路』倡議構想的實踐做好歷史的詮釋和注脚，從而達到『以史爲鑒』『古爲今用』的目的。

凡例

一、本編注重史料的珍稀性，從《海上絲綢之路歷史文化叢書》中遴選出菁華，擬出版百册單行本。

二、本編所選之文獻，其編纂的年代下限至一九四九年。

三、本編排序無嚴格定式，所選之文獻篇幅以二百餘頁爲宜，以便讀者閱讀使用。

四、本編所選文獻，每種前皆注明版本、著者。

五、本編文獻皆爲影印，原始文本掃描之後經過修復處理，仍存原式，少數文獻由於原始底本欠佳，略有模糊之處，不影響閱讀使用。

六、本編原始底本非一時一地之出版物，原書裝幀、開本多有不同，本書彙編之後，統一爲十六開右翻本。

目録

河漕備考（上）

河漕備考（上）

卷一至卷二

〔清〕朱鋐 撰

清抄本

我
國家定鼎燕京河漕兩道治法精詳頫河道自西以至東漕
道自南以至北中間交會之處往々清濁混淆始而淺澀
既而淤墊久之而潰決之患作河道不利漕道亦阻矣明
時漕道必假途于濁河粮舡出口由黄河逆上至封邱之
中灤登陸轉運其行於河者一千二百餘里濁河走寨無
定粮船行于其中雖係腹地險同航海軍民不便永樂年
間乃汲會通閘一河俾粮舡俱由徐州之淄溝過沛縣入
閘河避去黄河之險六百餘里迨後黄河屢決淄溝沛縣

之漕河不可行嘉靖四十四年復開南陽至夏鎮閘河一
百四十里通留城鏡山漕道粮舡由徐州之茶城進口避
去黃河之險二十里萬曆三十二年開泇溝自夏鎮至邑
河三百二十里避去黃河之險三百里至
國朝康熙二十七年開濬中河自清河出口抵駱馬湖共二
百餘里須避去黃河之險二百里而粮舡之行于河者僅
絶流而過之七里矣伏惟
聖祖仁皇帝聰明天亶仁智性成御宇六十一載六次親閲河工
損授方畧洞中機宜綱目條舉美善兼盡故能易汙萊為

沃壤，拯災黎于更生，續地經天，實曠古帝王所未有，而平成之效，亦前代史册所未聞也。鋐草茅下士，仰沾
聖化，飲和食德七十餘年，弟筋力衰邁，不能少效涓埃，有志無才，良用自嘆。竊見総河遂寧張公有恭進治河
上諭、事宜，并請纂輯成書等疏稾，及一時同事諸公奏議嘉謀、嘉猷，誠元明諸臣計議之所未及。繙閲之暇，編輯成書，復採舊聞，附以管見，有河務之任者，亦可以少贊高深云爾。

雍正三年歲次乙巳仲春下浣虞山蟫廬朱鋐書

河漕備考目録

卷之一

卷之二

塞決考
各隄考
各壩考
閘工考
治埽考
挑濬考
土方考
石工考
物料考

虞山埻廬朱　鋐輯

河漕議

國家河漕並重歲糜金錢動輒鉅萬而又慎簡大僚以專委任銓發人員以資群力所以靖波濤防潰決利輸運沃田疇利害所由動關軍國苟不熟悉其形勢先定其規模而欲障百川而東之則向若望洋徒何措手憶昔往來河上曾少悉其要害近來繙閱叢殘互相考訂約取其緊要者二十條以備採擇

一漕河宜分不宜合也今人每言河漕不知二河不可以同日

語也漕河猶中土良民爲國家治田賦足國用有利無害者也
黄河猶敵國冦盗侵土地溺人民決隄防而淹田疇有害無利
者也故曰黄河者運河之賊但當卻之遠之是以築隄岸設堰
壩猶邊方之築長城而置墩堡以守之也又有不能不與相接
然是以置涵洞閘水口通閘口設減水壩猶待外夷者之不得
已而許封貢通馬市以羈縻之三表五餌之術也更有不能不
避讓然是以開分水河猶分其部落以弱之衆建諸侯之術也
要之總無有与之和親而可以久安長治之理明人假資於河
是唐人用回紇兵平安史之故智雖獲底定于一時終必遺害於

後嗣計莫若河自河漕自漕而河各自為政河不治使侵及漕咎在河漕不治使河得犯咎在漕一則慎固封守一則綏輯變亂是二河者乃可以分治亦可以合治矣

一淮水宜防不宜忽也黃河如敵國如強寇淮河如与國如屬夸今之河寄徑於濟泗沂淮如漢匈奴之寄居雖石平陽唐回鶻之寄居盧龍天德抱虎而眠時懷惴惴我無隙可乘則苟安旦夕若有間可入則憑陵肆虐其禍莫烈故河隙不可開河防不可弛也今之淮合黃流於清口猶朶顏三衛之在明世名為助順而實与寇通弱則退避導賊入犯強則約縱連橫並入為

危矣故其隄尤不可開其防尤不可弛也
一治河宜合不宜分也黃水濁沙居其六若至伏秋沙居其八矣以二升之水載八升之沙非極迅溜必致停滯盖水分則勢緩勢緩則沙停沙停則河塞河不兩行自古記之故支河不可輕開也然則禹厮二渠非歟曰此在洪水横流之時無地非水苟得成渠使水有所歸便不為害此猶治病者急則治標之意若河道既成偶然泛漲便議開越河分水河々隄一開猝不可挽正河必涸而支河亦不久兩淤耳
一治河宜故不宜新也黃河自金時南遷至今五百餘年變遷

不知凡幾當其大濆之時議者每云故道必不可復及至後來仍歸故道可見故道決不宜輕議改易而一時之淤阻不足慮也且舊河雖淺河身必濶河底所積皆是浮沙以歸槽之水沖而刷之沙可立去而河深如故若新開之河決不能如舊河之濶底下反係老土水不能刷倘或水大而河小不能容受決可計日而待況舊河西岸歷年修築不知勞費多少一旦委而去之另作新隄其勞費又當何如且舊河淤新河豈獨不淤新舊總屬一淤何樂於新而惡夫舊也

一治河宜防不宜爭也河性善徙因作堤以防之宜也顧作隄

始于戰國其時治隄皆令離河二十五里兩岸相去便有五十里可謂不与河爭尺寸者矣若後世所作遥堤去河不過二三里至於縷堤逼近河身束水太急故易潰決又若攔黄壩之作直如劈頭一擞砰衝峻猛之性驁遭遏抑有不怒而思逞者乎故防可也與之爭不可也

一治河宜遠不宜覩也明臣李化龍有云黄河者運河之賊用之一里有一里之害避之一里有一里之益明朝三百年假道於河受其毒害漸改漸遠至康熙二十六年開濬中河之後運道之假塗於河者不過七里可謂智超千古盡革從前積弊然

中河之去黄河不踰數里甚者僅隔里許爲地太近河流善徙
然五六里實土悪能阻之况又時引河水以濟運開閘延敵入
室操戈更歷九年非淤即奪恐不能免

一治河宜順不宜逆也水無不下東向居多今使兩水相遇而
彼此皆趋于下彼此皆向東流其勢既順何决之有乃若彼水
自上以趋下然水反自下以赴上彼水自西以趋東然水反自
東以赴西如此相遇必至相攻强者乘勝直下弱者避不敢擊
甚者且爲之嚮導合縱入犯是今日淮黄漕出口之説也漕自
東而西淮自西而東淮强而漕弱則漕迎淮矣淮自南而北會

河〻自北而南會淮北高而強南低而弱則淮迎河矣夫既迎之引狼入室又何怪其齧噬也哉

一清江浦運口之閘宜閉不宜開也淮南漕河其初本無運口粮船皆在淮安府城北車盤入河永樂十四年平江伯陳瑄改濬古沙河為清江浦建置天妃閘以出放粮船其制三閘連建啓一閉二以拒濁流与邊方閑塞禁過奸人窺伺相同又嚴立條規不許官民船隻在此出入惟放粮舡鮮舡泛畢出口然當粮船過盡即便閉塞直至九月始開再放回空粮船進口後因各省兌運遲緩每不及閉閘之期至伏秋水發尚有粮舡未經

出口以致閘閘遲延漲沙倒灌復經題請糧艘俱冬
先冬閘出口俱有期限閘禁之嚴如此以故清江浦一線之隄
不過二十丈塞土自明初至嘉靖時先二百年淮揚漕河從無
河患秪緣後來閘禁廢弛板雖設而莫之閉一任淮水出入漕
渠淮水既分南向則入黃之水便力弱不能敵黃〻水乘之反
併力而灌入漕渠而下河七州縣之水患烈矣始於明隆慶四
年極于　本朝康熙十六年前後水患皆在淮揚則閘禁廢弛
之故也嘗見時賢奏議謂閘閘不便于商民反駁明總河潘季
馴嚴閘之說為非是不知建閘之始止期便漕運不期便商民

今治河以利運而併計及商民殊失本末輕重之義矣昔年有
客建議欲移滸市關於無錫縣之黄婆墩者寔爲扼要之地無
如滸墅關人深恐失業相爲鼓譟於榷關使者之署欲食議者
之肉事遂中止今聞禁之説本係舊例廢弛已久一旦復嚴必
有大不便於商民者譸張誣啄何所不有時賢不察遂有斯語
不知其誤國計民生實非淺鮮
一清口不宜改移也清口爲淮河清水之口本是淮河故道黄
河于金時寄徑於泗水泗水向在泗洲泗口入淮元至元二十
六年改道自清河合淮于是清河縣南有清口之名實黄河入

淮之口也自元至明隆慶前黄河會淮於此已二百餘年並無
決潰隆慶四年忽衝清口而灌下河則又其变也自是以後屢
通屢塞又將百年　本朝康熙三十八年
聖祖仁皇帝閲視河工奉有　上諭各隄岸愈高而水愈大此
非水大之過皆因黄河淤墊甚高以致節年漫溢黄河淤高一
尺則水高一尺淤高一丈則水大一丈若治河專以築堤終屬
無益如不將黄河刷深徒費錢粮且運口太直黄河倒灌無之
湖口淤墊以致清水不能暢流各河与洪澤之水如何得能敵
黄若將清河至惠濟祠埽灣由北岸挑引入惠濟祠後入河而

運河再向東斜流入惠濟祠交滙黃河如何得能倒灌十一月
又諭淮水瀦聚而黃水桃汛又至則高堰危險未可定今或堅
修高堰既峙以來淮水使之刷黃或移清口於清江浦左右或
另濬河道以通舟楫俱宜一一講求時有河臣獻議請將舊清
口堵塞另自大墩之北引裴家厰師家庄之淮水入運河由文
華寺河下截斜穿現行運河至格堤之東山清交界之西穿北
峙運堤東北下再穿王公隄由積水之地至清江之老壩口相
撲東向之地以達黃河為新清口其通漕河慶謂當于頭道引
河閘一小河由石磩南入七里閘上首現在河身至望湖閘舊

基再由舊河形過舊韓信城南通鳳陽廠新河至張雲漳口予通漕河以為可以省費而免淤愚謂淮河在四瀆之列清口尤淮黃交會之處如何可以堵塞昔梁天監中用降人王足計堰淮水以灌壽春作堰彌年所費不可勝計不久而潰溺殺人民數十萬此等險策豈可輕試況現今之淮河已非復向時之淮河昔年范家湖泥墩湖阜寧湖洪澤湖俱各有湖堤與淮無涉今則混成一派淵涵浩渺幾乎浴日滔天矣一直瀉下天然徑路之不由反欲挽之以東紆迴其道以入于人力所開之新河萬一新開之河身不及舊時之河身狹不能容激而思逞其若

之何查石磡之南去武墩高家堰已不遠倘或清口既塞新河又不能容一時漲滿決壞高家堰下河七州縣保無淪溺之虞乎且現今清口去淮安城六十里昔年清口淤塞河流內灌淮城至九土壑門人民幾化魚鱉今若改清口於清江浦去淮城祇三十里其地愈近其禍愈烈揔在上游何所取意而欲移之自近乎萬一沖動清江浦一線之隄黃水建瓴而下作何救挽此策之必不可行者

一南運河口宜另開也平江伯初建開運口在天妃閘後潘揔河改在甘羅城揔在淮城之西首運河之上游水流向東水勢

就下故一決則淮城受淹運道阻絶即令移置清江浦猶是淮安府西面運河上游一有潰決依然受害伏請　聖諭云移清口於清江浦左右不云即移於清江浦今河臣所議如是、但知移於清江浦而竟未講其宜左宜右也按地理書東為左西為右清江浦之右則現今清河縣即清口也清江浦之左則淮安府城以東是也議者謂清江浦係於清口故欲改清口於清江浦臣愚謂清口決不可改而漕河之運口可以改也盖南漕河之運口與北漕河之運口及黄河入淮之口淮水入黄之口四大口相會於數里之内其勢膠葛衆流漫散宜乎時有冲決

何不移南運口於淮安府東而仍留清口乎舊處依然元末明
初故蹟而清決庶可免矣蓋清江浦已在清口下流若再東去
理應更低改置運口于此則淮城已高據其上既不憂運河之
倒灌而黃淮即有決溢亦無礙于漕渠也
一北運河口宜另開也南運河口既改於淮安府東而北運河
口仍在清河縣南則糧船反在黃河中多行七八十里与避黃就
清之旨豈不相左嘗閱靳摠河奏議欲於中河之北每二十里
建涵洞一座即於洞口開通河一道自南而北通之於沭東西
三百里應置洞十五座開河十五道當時雖未舉行其議實有

源本宜于黄河北岸相對南運口處擇一地方開河一道通之於沭再於所開河西岸開河一道通于中河則糧船所由仍皆清水而沭河南下又可濟運即來流稍微終屬有源之水有利而無害也

一中河宜另開也中河逼近黄河應其洪寨雖杞人之憂但今河身之狭者已濶與舊河相埒若然後中河之深闊如故漕運之利上下同之倘中河有時而淤則不可仍行於崔鎮古城之黄河勢必别尋運道合依靳撫河原議於沭河之南中河之北開一重河以引沭水西注駱馬湖正明末諸賢所謂開石崇以

接駱馬也

一閘河宜專其力也漕運自過直河口即入閘河往北自毛兒窩至臨清皆閘河也閘河皆倚清水每若不足明臣取資黃水每致漕河淤塞非善策也宜設爲南北分濟之法當汶河水少之際分流則不足合流則有餘則于南旺分水処分番專濟如遇粮船在濟寧以南擱淺則閉南旺北閘併水盡往南流以接濟如在張秋以北擱淺則閉南旺南閘併水盡往北流以接濟當其南也更令濟南諸湖水以佐之當其北也更發濟北諸湖水以佐之泉湖無泆南北合流即遇旱乾歲不濟矣

一閘河宜通其源也閘河本非天地自然之河皆元明以來人力所開之河本無水源所資者唯汶泗洸沂供億小水諸泉滙之脉以濟運其外止有安山南旺馬場馬踏蜀山昭陽諸湖積水謂之水櫃今泉歧不脩泉流多涸湖佔為田惟賴汶泗諸河一線之流然自　國朝八十餘年止有黄河水决而阻運從無閘河水淺而阻運即有旱歲不過稍遲時日一遇雨澤便可通舟可見漕河濟運之水原不比大川廣澤現今河漕約法所貴於淺夫營卒者不過大撩三分水于度為三尺三寸雨澤所積田間溝澮之水自足濟之所慮者北土廣漠絶少溝渠耳夫漕

河以西為魯衛曾宋故地當時大行井田溝洫無數祇緣漢後黄河時決濁流灌之淤為平陸其制遂廢今若拒絕河沁滿水倣古遺法浚治溝洫以通水道不徒可以灌溉農田其于運道必大有濟

一保運之法宜立也運河不慮淺阻惟慮河衝河衝則沙留閘内既要塞決又要疏通時日曠遠必致悞漕計莫若築堤以保之隄亦不必近閘蓋堤閘去黄河甚遠今築堤以禦決河而即築於閘畔是欲決河遠至于閘將閘之西與河之東中間一帶州縣並聽其淪溺乎又莫若即置之河堤之東一以護漕一以

拒河邊為声援如邊方之置塞肰頭層邊墻河堤也二層邊墻漕隄也河隄逼近河身既有縷隄復有遥隄尤險要処更築月堤于堤肰恐各隄之不能禦又為脩古長隄如太行堤之類以為長城保障世法録曰黄河惟恃縷隄而縷隄逼近河濵束水太急每遇伏秋輙被冲决横溢四出自作遥堤河流其中即使異常泛漲縷隄不支溢至遥隄势力寬緩仍復歸槽雖不能保河水之不溢而能保其必不奪河不能保縷隄之無虞而能保其至遥堤而止今不惟作遥隄復修長隄長堤之外更作護漕隄于客之中又加客箇河雖善潰豈能潰數層之堤以為害

於潰乎

一守隄之法宜容也黄河自遷徙以来本無河身所賴以束縛流行者兩岸之隄猶之藩垣以居也河無隄即無河身無河身則散漫橫流全無定所矣故無隄不可也然有近河之縷隄而不築遥堤則一遇沖決便無攔阻猶之乎無縷隄也故遥堤不可不築有遥堤而不築格堤水至遥隄一直淌去不即歸槽久之便成蹊路流行于遥堤之下猶之乎無遥隄也故格堤不可不築、格隄而不為斜隄怒流至隄横遭遇截必至決遥隄而奔救猶之乎無格堤也故格隄不可不斜且曲然有隄而無人以守之備之乎無隄也故守隄宜用河營之卒用河營之卒守而無暫卒之大帥以整齊部勒之猶之乎弗守也故暫卒宜有鎮將當今天下承平四海寧謐惟有黃河一渠為封疆患朝廷不能無南顧慮特簡大帥提兵鎮守非為戰也為河漕也然為河漕而駐扎兗府於漕便矣於河得無有鞭長不及之慮乎愚謂宜移駐曹州專督兩隄各標俱傍隄為營標兵無事即以治隄為事每當伏秋水汛一如邊方營卒擺邊之法晝夜巡邏遇警舉烽相報俾各該管河道官吏隨即搶修其怠惰不巡邏偷棄致有潰決文武官一併叅究如此而黃河不治漕道有

阻者吾不信也
一禦河之策宜詳也從古無不決之河亦無治之而遂不決之
治充有九年之水商有五遷之邦皆河決使然也決而治之因
勢就使支吾目前並無久安長治之策三十年來往事可鑒然
當宋金以前祇言治河而已变遷無定潰決不常始而九河紲
而砱礫酸棗之後復決鄃子分為屯氏離為漯川東京之後河
汴分流五代之末游赤金三河迭通迭淤趙宋黄河北徙復禹
舊蹟諸臣又倡為挽河之議六塔二股濟治紛然迄無成績至
金章宗時河行徐邳自此遂為常道元明繼之遂用以通運而

河工益關國計矣夫黄河濁流所至為害却而遠之尚虞見襲乃開門延敵與之講好將數百萬備運寄經其中而又加之束縛約其馳驟彼悍戾激烈之性焉肯終聽束約怒而思逞敗潰決裂所必然矣既決之後百萬粮艘既無别途可達京師勢不得不多方醫治百萬金錢填于洪壑波平浪静便為完全故所建之策所奏之功皆苟且一時而非萬世永賴之計明世河臣首推潘印川今閲河防權一書其規畫奏議具有條理然謂之知河則未敢信何則明世受河之患止因漕運用河之失當其膠舊回戾于銀河濁河茶城淤溝豐沛蕭碭之間發於無歲不

洪河臣入告不云二洪乾涸即云徐邳沉淪運道梗阻如此便當别奏良謨姿淞為通矣乃總河翁大立建開泇濟運之議真及時救病良方而印川極言其不可上書沮之至萬曆三十二年李化龍為總河始奏開之至今為便可見印川雖久于河上尚未深悉其利害也即後來諸賢用淮刷黄治、於清口亦未為萬全之策蓋清口于數里之内會四大河口此往彼來互為吞吐豈無强弱不和曲直遠戾之致而必欲使之就吾範圍不至冲決勢必不能況我既欲用淮便不能任淮之與河自開須要一併照管黄河南岸之決凡可以入淮而為患於淮者即不得不為之無預而每事俱掣肘矣今既改易運口非徒不假塗于河併清口咽喉亦棄而不用我無求於河、遂不能難我、無求于淮、亦不能昵我而我得專用力以禦河矣桃源宿遷邳州徐州一帶黄河北皆有湖、外皆有岡阜苟置漕渠在岡阜之外黄河雖決無碍于漕渠其南則入淮河睢河而皆出于清口今清口既不為我所重則黄河之入淮亦不為我所惟退而下小河入白河復歸漕可也即進而決睢河破歸仁堤亦可也二洪之通塞我不問也若徐州以西至原武縣一帶黄河從來未經假道以通運然於閘河則大有關係前者金龍口之决則張秋被沖黄陵岡之决則沙灣受淤曹單城武河决則水停堌場口飛雲橋濟寧漕道有阻而金鄉鄆濮之野無不淹沒前明劉忠宣築太行長堤誠為有見頻歲久失脩車溝馬路之傷損交錯于堤上恐有沖决之患故太行隄不可不脩也查其外尚有歷代所築之隄如始皇隄金堤之類故地甚多脩而復之以為河漕保鄣仍下令所司曰河决開封之北若金龍口若胛沙岡于家店若陳留寨若銅瓦廂其勢必趋張秋矣蓋其地為古黄河東流之路即宋時東郡濮陽澶淵橫隴故道明景泰時河决沖之弘治時河决又沖之走滑道路故必嚴防其次沖黄

陵岡若馬坊營若煉城口棠花樹若杜勝集若三家庄若陳隆
庄若芝蔴庄考城口其勢必趨於沙湾矣蓋其地為元河北决
處亦是走清道路必要嚴防其次决曹單若孫繼口武家壩劉
滿庄若樊垌集若王家壩口若蘇庄其勢必趨於金鄉定陶矣
蓋其地為荷澤鉅野故梁山泊舊地亦是走清道路必要嚴防
于是築隄以防之而嚴為之制曰河之决非司河司漕者之罪
河决而潰逺隄濁流泛濫護漕隄下則司河者之責若併護漕
隄而决壞濁流侵及閘河則司漕者亦有責焉誠如是而諸堤
守備焉有不嚴者乎隄守既嚴漕渠必無阻塞漕渠無礙大事

已畢其河流小々冲决竟以不治々之可也所謂不治々之非
貫穿棄地与河任其泛濫之說也重隄既立水至不為害即有
冲决破一二層堤亦必勢緩而力弱遙隄之內更為格隄以阻
其流淌之勢又曲為順水之形導之歸槽水必不逆而安瀾如
故矣此謂不治々之也
一開分水河以殺水勢也隄守既嚴必不能破重隄而為害於
閘矣然倘遇非常大漲一河不足以容与其使之潰敗決裂奔
突四注不如疏分水河以殺其勢然分水河止宜開于南岸不
宜開於北岸蓋北岸近閘重隄間之無有他河為之洩瀉開則

必潰重隄而泛溢于平陸曠野此漢時金隄之潰灌浸數十州縣之遺害也若夫南岸有決口其水捲歸於淮歸于淮則水有所洩自不至淤漫泛溢漲定而塞特易々耳往嘉靖十九年河決睢州河臣王以旂開李景高口支河以分殺河勢弘治七年河決張秋劉忠宣開孫家渡新河引河水至潁州入淮又疏河水由亳州渦河入淮而水患寧萬曆二十四年河決桃源河臣開黃壩新河分洩黃水以抑黃強而水患寧皆其遺法也要之勢有可支固不必用若萬不得已亦不可不用也

一引沁濟運非善策也沁河濁水甚于黃河其水萬々不可入

閘入則閘河必淤明潘季馴河防一覽已極言其不可　本朝
康熙六十年秋河南武陟縣黄河沁水並漲冲决馬營口堤岸
自直隸開州長垣流至山東張秋鎮以致運河隄决漕船阻滯
有議引沁水以濟運者遂寧張相國以地形高下若引之必有
遺患乃止則沁水不可濟運有識者所共知也
一引漳助衛非急務也漳水在明世向從館陶縣西境入衛以
河淂漳水而充足漕運不滯自萬曆之季漳河忽北徙而合于
滏水于是衛河失助而漕運每苦淺澁然衛水已獨漳河更甚
引之未必有利昔年濟水斷流大清河專納汶河之水亦自足

以入海山東鹽艘由之出入今汶河之水既由戴村壩全入會通于臨清州出口則入衛之汶河猶之入清河之汶河也入大清河足以濟鹽艘則入衛河自足以濟糧船何憂于之水而沾沾于涸漳之水哉則此一水聽其别出可也

河漕總論

黄河為中國患久矣士大夫無素習乎此者徒以資叙推舉任事無怪乎一見洪濤茫無措手也宋胡安定湖州教法置治事齋俾學徒習天文地理兵農礼楽之事以備世用而治河尤所留意余不自揣遵安定先生之教以治河之説授學徒而為之屬曰不發天地之大全不可以治河夫河自朶甘思之境逼崑崙穿莫賀延磧之尾而入中國又歷阿拉善山及鄂尓多斯之地而至秦晉之交然後踰梁山出龍門灌注于豫州之北徐州之南以通于淮其來源也遠矣其委輸也衆矣一石水六斗泥

水何濁也即他水之入于河者亦或有濁有不濁其所以然之故雖格物致知之君子不能洞悉其理也五月雪消西北諸山之水建瓴而下故黄河之漲甚于伏秋其有非時暴漲亦莫不因西北霪潦之所致古人明地脉者能覌井而察其泉流之緩急知其地之當决与不决蓋有道也又曰不明國家之大計不可以治河唐宋以前治河祇治河之害耳今併治漕之害矣害於河害在民害於漕害在國矣而今人動言節省夫節省非不欲利國然因節省而工不堅固役不早竣其不利于國也更甚唐時劉晏通漕每有役費寧令有餘不令不足人或詈之晏曰

夫欲利國必先利人：不複利則作事不勤後之人用吾法而
節省之至半猶可過此則廢矣後唐末漕事之廢寔由乎此又
曰不孝古今之大法不可以治河董子曰善言古者必有驗于
今愚謂善言今者亦必有驗於古自漢以後治黃河者代有其
入豈無古方今病遺与相符者乎察泛溢之所由然審安瀾之
何以致古法其在細加尋繹端必有道矣又曰不習天下之大
勞不可以治河禹乘四載隨山刊木至于櫛風沐雨三過不入
漢武帝塞瓠子自臨决河大將軍從官以下皆負薪王尊守東
郡河决水大至沖金堤吏民皆奔走趨避尊具冠服以身當水

沖蓋古聖賢之敬共乃事如此若自耽安逸不習勞苦一旦有急何以克濟又曰不具天下之大慈不可以治河黃河之決人畜漂溺田產荒蕪民已備嘗艱苦及其奉令脩築又不得不假民力發閭左填決河往往使民父子不相顧妻子不相保沾體塗足疾病死亡相繼而中流合口民命攸關一或不當漂沒者不知凡幾宋仁宗嘉祐元年塞商胡埽決河四月壬子日中合口至夜中即決漂溺兵民芻藁不可勝計此真萬民生死關係詎可不以至誠惻怛感格天心而徒督責趨赴等民命於草菅哉又曰不懷天下之大廉不可以治河內帑金錢豈容浪費然

在他項用之尚有成績可考至于河工則以有限之金錢填無涯之谿壑何処稽查何時底止此而不廣則胃銷尅減國与民交受其困故承是役者出放數十萬金錢竹頭木屑件件俱當料理役使數十萬人夫日省月試刻刻俱要鈎稽非其人之豁達大度出納無吝不能振朝氣而集乃事也非其人之公尔忘私一塵不染不能塞漏巵而告厥成也又曰不倫天下之大智、不可以治河中庸言舜之智在執兩端而用其中大事有兩端河工尤甚漢唐以來治河者衆矣言人人殊從無一定故曰治河無善策今治河而必使人不為兩端天下無是事然而說有

兩端理無兩可欲于其中擇取一説確然而不可易則非慮周
萬物洞中机宜必不能審之極其明而用之極其當也明乎此
而治河之要思過半矣

黃河考 黃河始于西北趨于東南經絡天地綿亘地軸萬壑會歸中原樞紐決則殺九重之憂靜則爲萬代之福爲作黃河考

自雲南麗江府往西北一千五百餘里爲朶甘思其西鄙有泉百泓望之如星曰星宿海群流奔湊滙二巨澤東鶩成川號赤賓河又行二三日有水西南來名亦里赤與赤賓河合又三四日有水南來名忽蘭又有水東南來名也里朮合流入赤賓河其流寖大始名黃河然水猶清人可涉又一二日岐爲八九股廣六七里譯言九渡河又四五日水始濁兩山夾束其深叵測自渾水東北流二百餘里有火禿河自南來注之又東北流一百餘里又正北流一百餘里乃折而西北流二百餘里又折而

正北流一百餘里又折而東流過崐崘山下河行崑崘南半日
又四五日有亦西八思今河自南來注之又行五六日有納隣
哈剌河自西南來注之又行兩日有乞兒馬出二水合流入河
丶水北行轉西流過崑崘山北鵬拶河自東來注之折而西北
流三百餘里又折而東北流為河曲折支河自南來注之又東
行過大小榆谷大非川自北來注之逢留河自南來注之又東
澆河自南來注之又東至大積石山宗哥水自北來注之又東
逕小積石山野龐河自西南來注之又東北過河州北湟水自
西寧合大通浩亹諸河北來注之又東北流洮水自西南來注

之又東北過蘭州北至會寧縣界有石峽險窄又東水分六七
道散流謂之南山迸流數十里復合為一河又東北流過靖虜
衛西祖厲河自南來注之又東北流至廣武營大小黑水自南
來注之河水至是向北流過大壩寧夏諸渠南入之北（以下出長）流過鄂
爾（洲為河）多斯（套）境至古西受降城南又折而東流分為二河北曰北河
南曰南河分流二百餘里復合東流五百餘里至陰山南又折
而南流白渠水自東來注之又南至東勝州黑水河自東來注
之（河套之地）出鄂爾多斯境（入長城）南流至河保營（以下係山西陝西兩省交界）又折向西南流至府谷神木
川自北注之又西南至葭州沙河水自北注之又南流至永寧（烏山出）

州西關水魚河水自北來注之又西南至延水關青澗水自西北來注之又南至永和縣（山西）之興德關乞莫川自延安來注之又南汾川水自西來注之又南至孟門山西宜川水自西來注之又南過梁（陝西）山東壺口山西自東勝州南至此夾河兩岸皆有山呂梁山在北龍（山西）門山在南相去五百餘里河水至此出口懸流千丈鼓若山騰非舟楫所能行也過此汾水自東來注之又南過（山西）蒲州渭水合涇洛諸水自西來涑水自東來注之至潼關河（閿鄉下河南山西兩岸又界）水折而向東出雷首太華二山之間過（河南）閿鄉全鳩澗水注之又東永樂澗水注之又東過（河南）陝州北又東五十里為三門集津三

門廣僅二十餘丈水行其中声若巨雷東有孤石傑出曰底柱梗咽湍流水行迅急破害舟楫自古為患又東過洛陽（河南）之北邙山至孟津（以下并在河南境）為古河陽三城渡廠又東至鞏縣北洛水從南來注之謂之洛汭又東至溫縣南濟水自王屋山來注之其南為石門汴口又東過武陟縣南沁水合大小丹河自西北來注之又東過原武縣南又東為中灤明初漕運至此起旱陸運處也又東過陽武縣南中牟縣北又東過開封府北其北岸為荆隆口又東四十里為王家樓舟楫從黃河西行者至此起旱其北為陳橋又東十里為馬家口南為蘭陽縣又東過儀封縣北其東

考城下東河南山東界
北為杠勝營又東南過考城縣北其北為黃陵岡又東南過曹山東縣南寧陵河南縣北又東南過城武山東縣南又東西過虞城河南縣北又東南過單山東縣南又東過豐江南縣南碭山縣北又東南過蕭縣北其北為濁溝秦溝茶城小浮橋又東為徐州為百步洪又東為呂梁洪又東過房村北又東過雙溝南又東為馬家淺又東為辛安鎮又東為峯山又東過邳州又東為鉏頭灣又東至直河口又東南十里至皂河口又東南流三十里為董家溝國初粮船從此進口又東五里為駱馬湖口又東十五里過宿遷縣南又東十五里為小河口又東二十五里為白洋河口又東二十

豐縣下屬江南北

里過古城南又東二十里過崔鎮南又東四十里至桃源縣北
又東七十里至清河縣中河自此進口又南七里為清口淮水
會黄河処南為清江浦自此向東流九十里過安東縣北又東
為雲梯關即是海口今漲沙積至一百二十餘里河水從沙洲
中散行入海
黄河地勢南亢北卑滎澤以西山多土堅不甚潰决安東以
下去海近雖漫不遠徐邳北岸即决而歪阜四合豎紆東下
貫皂河入駱馬而並歸于中河曹單潰决由魚台上下以入
運或滙荆山口彭家河以入運皆無奪河之患若桃宿清河

北岸一決則運道皆阻而自沭海以南馬陵迤左周圍千里渺然巨浸矣開封北岸一決則河水東泛近則注張秋由鹽河而入海遠則直趨東昌德州而赴溟渤濟寧上下無運道矣且開封之境地皆浮沙一經潰決所費必大故決之害北岸爲大而北岸之害開封及桃宿清河爲甚次則曹單又次徐邳宿安東以下非所憂也

陽武縣至徐州黃河考

河流平陸屢經变遷陽武以南俱非禹蹟矣此段黃河雖非漕道所經然于開河則大有関係盖北岸地形卑下直注漕渠而旧時缺口尤係走滑道路括其險要為作陽武至徐州黃河考

甄家庄　郭家潭　俱在滎澤縣決則走張秋

胛沙堤　在陽武縣決則走張秋

廟王口　在原武縣決則走張秋

于家店　中灤城　荆隆口　黃陵岡　陳橋　貫臺　馬家口　陳留砦　俱在開封府決則走張秋

按荆隆口亦名金龍口即古黄河由滑縣出海舊處此路雖
斷其勢必低故常于此潰决而冲張秋盖張秋亦古黄河舊
路五代至明屡遭冲决為河工極險處
按黄陵岡元末河决于此走張秋貫魯引河南向北路暂寧
未幾復向北明時屡經冲决亦河工險處
銅瓦廂　在蘭陽縣决則立張秋
板廠　樊家庄　張村集　馬坊營　俱在蘭陽縣决則立沙
灣
空泥河　煉城口　榮花樹　杜勝集　三家庄　俱在儀封

縣決則走沙灣
陳隆庄　芝蔴庄　考城口　俱在考城縣決則走沙灣
孫繼口　武家堤　劉満庄　双堌集　俱在曹縣決則走金
鄉定陶
黃家壩　黃堌口　蘇庄　俱在單縣決則走金鄉定陶
已上俱黃河北岸要害之處
小院村　在滎澤縣
黃煉集　在中牟縣
九子坡　槐疙瘩　劉獸醫口　陶家口　張家灣　時和驛

禿伯堤　掃頭集　俱在祥符縣

黄家樓　在陳留縣

趙皮村　在蘭陽縣

李景高口　普家營　俱在儀封縣

楊先口　在商邱縣

已上俱黄河南岸要害之處

按明時黄河在開封府境遷徙靡常或逕其東北而府城在河之南或逕其西南而府城在河之北至中葉黄河在府城北相去四十里其後河益南徙去城不過十餘里近人置禁

準水形以測望地平河身高出周王府標者尺有二寸每春

汛嗌堤吏民刑牲沉璧立馬傳籌报水至何所与烽燧等

崇禎壬午河决城中淤泥及土信宿填滿

徐州清河縣至黄河考

南連淮水包絡諸湖北近中河接連運道徐邳既居窪下桃宿尤患横流此處黄淮並行河漕联界一有潰决運道皆阻徐州以東河防最為重地為作徐州至清河黄河考

徐州　地形卑下河高于城以致城中積水無從洩瀉河防権云當開一渠縱使南流由符離集出小河

馬厰坡　在黄河南明時桃源南岸河决由馬厰坡入于淮水故潘總河於此築斜堤一道以攔之

桃源縣治　在黄河南有山岡一帶為河南蔽

白洋河口　在小河口東二十里

小河口　在宿遷縣東十五里即睢水夲黄河支流後来斷与河離遂為無源之水受田溝雨水積成是以流微至此入河

桃源三壩　東曰三義中曰李泰西曰徐昇並在桃源縣黄河北岸遥堤上為險要處蓋恐異常漲水或至冲決隄岸故設此減水壩三座以分殺河勢免致冲決遥堤特設於北岸者慮黄河決水由灌口入海也

侍郎湖　在宿遷縣東北黄河北決則水滙入諸湖落則諸湖之水復随之而出不更北者以湖之北有岡阜明人謂之天

然迭堤今已涸矣

倉頡寺湖　在清河桃源二縣北湖外皆低窪地河北決水逆五港灌口出海故築堤

馬陵山　在宿遷縣北一土阜耳障水則勝于堤岸

沭河　出山東南流經馬陵山東由海州漣河入海自入淮境迫于山折而左大抵與黄河南北夾流至海者也

河防要覽云沭河南北湖蕩久淤民若旱潦擬于中河之北堤每二十里建涵洞一座即于洞口開通河一道自南至北通之於沭東西三百里計置涵洞十五座開河十五道其沭

河狹淺處再開而浚之務俾縱横貫注宣洩有路則旱潦有
備民田与江浙諸郡埒矣然今淮北未聞有是豈有其說而
未有其事与

赤山湖　微山湖　蛤蟃湖　連汪湖　周湖　柳湖　黄墩
湖　在泇河之南黄河之北皆入河

吕梁洪　百步洪　二洪俱在徐州爲黄河之南

磨臍溝　徐州東峄南去十餘里有狼矢溝又東十五里有磨
臍溝每歲黄水暴漲則從狼矢溝直下至磨臍溝洩出赤龍
潭經蛤蟃諸湖由駱馬湖出宿遷嘉靖三十年全河俱從此

出而兩洪正流奔蓋此地比河口低丈餘故最易決

房村　牛市口　梨林鋪　李家井　俱屬徐州

叟溝　四頭集　栲栳灣　俱屬靈壁

馬家淺　王家口　白浪淺　何家鋪　俱屬睢寧

匙頭灣　張林鋪　沙坊　俱屬邳州

並在河之南岸每經沖決最爲要害

直河至古城一帶河北無堤岸者因河外諸湖藉以容蓄泛漲之水湖外高岡又謂之天然遥堤故不致築

世法録云吕梁上至徐州兩岸有山水無他洩直河下至清河

兩岸崖高河濶水鮮旁趨縱被水决未為大害惟黄鐘渠下八九十里兩岸皆低北岸决則水出直河南岸决則水出小河口嘉靖末嘗决北岸則辛安四十里盡淤隆慶末嘗决南岸則匙頭灣八十里皆墊旁流既急而盛正河必緩而微

漕河考

賦出東南首輸京國安危遲速寄杖波臣苟不識其夷險悉其程途則漕運愆期間條匯細爲作漕河考

起自杭州府北行十里至武林門又十里北新閘又三十里武林港又十里塘棲又五十五里石門縣二十里石門鎮二十里皂林四十里嘉興府六十五里平望又四十里吳江縣四十里蘇州府盤門三十六里滸市閘六十里無錫縣三十里落社二十里横林四十里常州府三十里奔牛孟河從此出口二十里吕城四十里丹陽縣四十里新豐二十七里丹徒鎮二十里鎮江府五里至京口馬頭渡江至瓜州四十里楊州府其江西湖廣與江北粮船由儀真進口與江南粮舡並會於此由府城西

水路向北行十五里湾頭三十里邵伯驛三十五里露肋廟十里南車落五里北車落十五里高郵州二十五里清水潭十里張家溝五里六安閘二十里界首二十里丸店舖河東有宏濟旧渠西有氾光湖三十里淮角樓二十里寶應縣西有寶應湖白馬湖、涯築八淺堤二十里黄浦十里涇河十里平河巡司四十里淮安府向西北行十五里板閘十五里清江浦十五里文華寺向南行過永濟河由七里澗至武家墩轉西至太平壩由爛泥淺引河入淮復向正北行至清口入黄河中行七里進閘入中河由清河縣南六十八里至桃源縣北一百二十里至

此處缺里未明

中河

宿遷縣北十五里過駱馬湖口四十里至皂河進皂河向西北行三十里牛頭灣二十里隅頭集二十里猫兒窩二十里二郎廟二十里徐塘口三十里泇溝十五里梁王城閘十五里台兒庄閘十二里侯仙閘十里鄒庄閘八里丁家庙閘十二里萬年閘八里巨梁閘十二里新閘二十里韩庄閘二十里諸葛庄十五里赤山有湖十五里彭家口二十里夏鎮八里楊庄閘三十二里珠梅閘五十二里利建閘十八里南陽閘十五里枣林閘三里魯橋五里師庄閘五里仲家淺閘八里新閘二十四里石佛閘八里趙村閘六里濟寧州在城閘二里天井閘向北行二

十八里通濟閘二十里寺前閘十二里南旺南閘四里南旺分水龍王廟汶水至此南北兩分四里北閘（会通河十八閘）十二里開河閘十二里袁老口閘十八里靳家口閘十五里劉家庄十五里安山閘三十里戴家庙閘三十里張秋鎮城漕渠穿城過十二里荆門上下二閘十二里阿城上下二閘十里七級上下二閘十五里官窑口十里周店閘十五里李梅務二十里東昌府五里永通閘三十里梁家鄉閘十五里土橋閘十二里觀湾十里青陽驛十里戴家湾二十里渡淺舖二十里臨清州新開板閘出口行衛河（卽河）中向東北四十里油坊四十里渡口驛三十里過武城縣南

五十里甲馬营五十里鄭家口五十里故城縣南三十五里四
柳樹三十五里德州北向北行三十五里老君堂三十五里枣
園三十里安陵二十里王家園河口三十里連窩驛三十里東
光縣四十里泊頭二十里齊家堰五十五里磚河驛三十里滄
州四十里舊興濟三十里青縣四十里流河驛七十五里靜海
縣六十里楊柳青二十里曹家莊二十里天津衛十里（潞河）丁字沽
三汊河五十里楊村驛三十里蔡村五十里河西務七十里和
驛　三十里漷縣馬頭四十里張家灣十五里通州四十里京
師

運河自杭州至張家灣凡三千七百餘里自杭至蘇則資苕
霅諸溪之水自蘇至常地傍太湖本為澤國不患無水常州
以北資宜溧諸山之水至丹陽而山水絕則資京口所入江
潮之水〻之盈涸視潮之大小故里河常患淺澀渡江之後
自瓜儀至淮安資天長諸山所潴高寶諸湖之水自清江浦
至清口則資淮水淮水弱黃水倒灌則運河阻塞故必堅築
高家堰一帶淮東隄岸不令旁洩斯淮水力全而強足以敵
黃清河不淤漕道無阻矣既過黃河入中河則已不藉河水
然新河始開原約重由新河回空仍由黃河皂河口子未經

築斷以致黄水透入新河竟成两條濁河今新河爲黄水冲灌河身比初時寬廣三四倍不止两河相去亦近三十年来日冲日淤日闊日近合併之患殆將不免由皂河至泇溝資沂河及郯城以北諸山泉之水由如溝至夏鎮八閘謂之泇河資滕嶧山泉及薛河沙河呂孟昭陽微山等湖之水由夏鎮至南陽四閘謂之新河資洙泗雩沂諸河及鄒兖山泉魚臺以東田水由南陽至南旺十一閘謂之會通河資汶洸及蜀山馬蹋馬腸諸湖嘉祥鉅野以東田水由南旺北閘至臨清州十八閘亦謂之會通河惟資汶水餘無所籍每苦淺涸

自出會通河由臨清至天津謂之衛河亦曰御河天旱則淺
涸而潦則泛溢又無額設錢粮支應惟藉里下州縣苦之自
天津至張家灣謂之潞河資潞河白河桑乾諸水此其大略
也若其緊要處所在江南則京口為粮船過江處在江北則
瓜州為粮船收口處而揚州一都會也淮安為揔漕駐節粮
舡在此盤驗處清江浦粮舡自運河入淮河處清口粮舡自
淮河入黄河處清河縣粮舡自黄河進中河處皆要地也邑
河口粮舡出新河進泇河處自此舟行一河並無歧路以北
如夏鎮南陽濟寧州皆都會也南旺漕河水南北分流處以

北張秋其都會也黄河北決亦多衝之自此至臨清州而會通河尽南北運道此爲咽喉出口則行衛河中徳州其水陸要衝也自此至天津則三汊河十字沽爲太行以東百川入海揔會處過此入潞河柢通州天儲百萬於此卸舡運河自此止矣

江南漕河考

大江以南古稱澤國千涇萬港不患乏水然漕渠所貫每多淺澁尚煩挑濬而附近湖澤亦所資賴焉爲作江南漕河考

自杭州至蘇州三百四十里自蘇州至京口三百六十八里

武進縣運河　每患淺澁東倉橋一帶應挑濬深通

沙子湖　在武進縣西北湖水東流入運

開家湖　在丹陽西北水通運河今涸

練湖　與開家湖相近水通運河但湖無泉源雨則成渠旱則

同涸康熙二十年後已賦爲田矣

丹陽縣北運河　夾岡等処係鑿山通道沙礫每致淤淺

猪婆灘　在丹徒縣南地多流沙年例撈濬此處爲最

京口閘　在鎮江府北江口丹陽丹徒一帶運河本無水源資潮以濟潮長則開閘以放舟潮落則閉閘以積水若水淺舟膠則丹徒鎮閘亦係通江支河放水入漕可以濟運

江南漕渠多有橋梁粮舡俱不竪桅一出京口則千檣高矗矣以北達通州俱無橋梁也

按大江以南河所不犯故但有漕渠淺阻之患而無濁河走徙之患

淮揚漕河考　南會于江北達于淮諸湖所滙地勢低窪或築堤以捍水或建閘以通舟誠江淮之樞紐清湧之咽喉也為作淮揚漕河考

自瓜州至清江浦四百里運河係歷代所開考禹貢揚州貢道曰沿於江海達於淮泗可知其時江淮不通故自江沿海而後達淮春秋時吳王夫差開邗溝江淮始通乃有此河不知後來何緣復塞明初江淮粮舡到淮猶用車盤過壩直至平江伯陳瑄開清江浦建天妃閘然後江水復通於淮此江淮漕運通行之始也水皆平流微覺北高於南

瓜州鎮　江浙粮舡由此進口初時江口有壩粮船俱用車盤入漕今壩廢設置二閘亦不啟閉

儀真縣閘河　旧例江北及江西湖廣粮舡由此進口有四閘

白塔河　在揚州府東明初江南粮舡從常州西北由孟瀆過江入白塔河至灣頭達漕河今此路久廢

稻河　邵伯湖水常由金家灣下運鹽河入芒稻河入江

上雷塘　下雷塘　並在江都縣西北十五里唐人作之以引水溉田上塘注水廣長共六里餘下塘注水共七里俱由淮子河濟運

小新塘　在上雷塘東北廣長二里餘水注上塘轉下塘由淮子河濟運

句城塘　在儀真縣東北四十里南流入漕河

陳公塘　在儀真縣東北三十里周圍九十餘里西北依山東南面水

按以上五塘瀦天長六合諸山建瓴而下之水旱則瀉于漕渠潦則南泄於江置有塘長有守自塘規墮廢水歸三湖潰堤妨運其後屢浚屢廢今悉爲田矣

高寶諸湖　旧志運河以西有白馬氾光甓社寺十七湖今俱不可辨但概名之曰寶應湖又南爲界首湖又南爲高郵湖邵伯湖而已運河以東有三十六湖今亦不可考其最著者

北曰射陽湖在寶應湖東六十里志稱東西三百里延亘于山寶鹽城之閒凡山寶之水自涇河瀾河來者俱由此出廟口白沙以入海今則盡淤爲民田矣下此則廣洋湖得勝湖喜鵲湖俱由安海以達於海

明河道侍郎王恕奏云揚州一帶河道南臨大江北抵長淮別無泉源止藉高郵邵伯等湖所積雨水接濟無如漕河身高于諸湖每遇旱乾河水消耗河中便不能行船若將河身浚深三尺則雖旱無憂矣

清水潭　自淮安府城南至邵伯埭漕渠西畔諸湖綿亘清水

漳尤為險要黄河自高堰南决必傳注于此盖揚郡屬邑惟高郵㝡為低下謂之盂城被水患最劇

康濟越河　在高郵湖東長四十里明宏治時開以避湖險

宏濟越河　在宝應湖東明正德時開以避槐角楼一帶湖險

八淺堤　在宝應西十餘里白馬湖之中心

明河臣萬恭疏云高寶諸湖周遭數百里西受天長七十餘河秋水滙湖徒恃百里長堤若障之使無疏洩是潰堤也以故祖宗之法徧置數十小閘于長堤之間又為之令曰但許

深湖不許高堤故以淺船淺夫取河之淤厚湖之堤夫閘多則水易落而堤堅浚勤則湖愈深而堤厚意至深遠也比年畏脩閘之勞每壞一閘即埋一閘歲月既久諸閘尽埋而長堤為死障矣畏浚淺之勞每湖淺一尺則加堤一尺歲月既久湖水捧起而高宝為盂城矣

淮安府裡河外河　明初漕運自儀真抵淮安謂之裡河俱分入五壩轉盤黄河謂之外河原不相通後平江伯開清江浦由天妃口徑通黄河仍設閘以司啟閉凡舟出入啟一閘二每歲三月以後粮船過完即行封閉隔絕黄水官民船盤剥

如故其後漕規廢弛閘不能閘黄水灌入河臣乃議塞天妃
口以杜黄水創開三里新河設通濟閘以通淮水其後閘廢
不修淮水不息黄水乘之高寶湖堤年々沖決鹽興哥處歲
々被災矣
淮安府城低窪如在釜底惟恃一線土堤禦黄淮諸湖滔天
之勢每年加埽護堤包土塞城人民惴々今河北徙草灣去
府城遠甚人免于昏墊矣

黄浦　在淮安府西

潘季馴疏云高堰據黄浦之上游而黄浦為興寶鹽城之門

户高堰既築黄浦之功自易黄浦既塞則興宝塩城一帶田地盡行乾出自許兩河横流涓滴皆由正道海口河身日見深刷可免墊漬之患矣

五壩　在淮安府城北

元時明初江淮不相通淮城北瀕淮其間築五壩仁義二壩在東門外之東北運舡由此車盤入淮礼智信三壩在西門外之西北商民船由此車盤入淮自後開清江浦出運舡民船尚由五壩入淮今則併民船亦從清江浦二閘出口矣五壩車盤之法既廢二閘啟閉之禁又弛于是黄水入灌裡河

清江口淤下河水患自此日劇
五壩去河僅二十餘丈進船水溝每爲濁流所淤常事撈濬
如吏廣長河以能卓盤今清江浦淤沙稍遠舡遂不能進矣
永濟河　自府城西通管家湖西行至甘羅城出口設置三閘
曰永清曰福興曰龍江自萬曆年間已淤且此河通非惟有
妨閘税亦且有碍漕渠
草子河　自越城下宝應湖
馬沙河　自淮安新城西出兩城間東行通廟灣南北流入海
清江浦　在淮安府城西北去城三十里明永樂十四年平江

伯陳瑄即沙河旧址開鑿俾粮船俱由此出口漕運襟喉以故商賈湊集民居櫛比為淮上一都會

清江浦今無來流全借黃淮之水内灌方可浮舟而黃流甚濁恐致淤墊故復設天妃等五閘遞互啓閉以便節宣時將入伏閘外即築軟壩一應船隻俱于五壩車盤行之二百餘年後因天妃閘全納濁流故復改於三里溝尋又改於甘羅城即今通濟閘此處為南河口乃淮水獨經之地離黃向淮用清避濁最為便益但須伏秋堵斷九月始開後閘禁廢弛一任黃流内灌是以有隆慶四年高堰之決

平江伯置清浦一線之堤全為漕船計並非為商賈計故相去僅二十餘丈今因漕舟過往商賈輻凑一線石堤乃為闤闠之區惴惴乎鼇背求生者幾萬餘人失其初意矣

王公堤　在清江浦內捍運河外抵黃淮二瀆之沖勢甚危險一有潰決民皆魚鱉高寶一帶運河必斷而下河七州縣俱當陸沉今堤外皆有淤沙壅積淮城可安枕矣

天妃閘　本平江伯置在惠濟寺須河直向淮黃交會處黃水易于內灌萬曆時河臣潘季馴因移運口於新庄閘南去數里以納清避黃後亦以天妃名之非其故矣

河臣萬恭奏淮安清江浦河六十里陳瑄浚至天妃祠東其口决西注於黄河運舡出天妃口入黄河穿清河半餉耳嗣緣黄河水漲逆注入天妃口而清江口多淤第制天妃口可也議者乃塞天妃口令淮水勿与黄水值而費数十萬開新河以接淮河其説曰接清流勿接濁流可不淤不知黄流非安流之水也伏秋盛發則西擁淮流数十里併灌新開河彼天妃口一黄水之淤耳今淮黄會于新開河口是二淤也夫防一淤生二淤又生淮黄交會之淺歲役丁夫隨濬隨合又使粮舡迂八里淺滞而始達于清河孰与出天妃口者便且

利今年黄淮交會太淺運船阻梗臣開天妃月河以待一極
而通之四日出南船四千二百艘于黄河運遂尽矣臣是以
有建天妃閘之議蓋今早運之期黄水正落由清江啓天妃
閘順出黄河既無淺阻又免挑濬漕船直達清河運尽黄水
盛發則閉天妃閘謝絶黄水彼河雖善淤安從假道而犯及
清江浦哉黄水一落文啓天妃閘以利商船新河口勿浚可
也勿用可也

通濟閘　在甘羅城餘詳清江浦條下

明給事徐常吉復請移通濟閘向南潘季馴駁之曰查淮郡

之水別無支流可引欲通漕舟不得不資兩河欲資兩河必
難免其內灌若移閘愈南則納濁愈甚又多涉險阻六十餘
里　陳瑄疏治清江浦裡河慮黃河灌入泥沙淤積設三閘
以慎啟閉原約運畢即閉官民船隻並由五壩車盤入河不
許在閘出入前人立法未為不密無如法久廢弛各閘難設
任其流行絕不禁止往來船隻與無閘同于是淮水入之黃
水亦乘虛入之泥沙日積河身日高清口阻塞淮始不東流
而南決壞高家堰則皆閘禁廢弛之故也不然何自元至明
二百餘年不見沖決直至萬曆初閘禁廢後乃大決也明臣

不知其故倖欲使天妃閘出口之漕船改從通濟閘出口以
為向清避濁不知通濟天妃僅隔八里荀閘禁不嚴雖設改
移其弊相等

鳳陽廠　新河在清江浦南同張華潭口往西轉過清江浦復
向北出五空橋入運河

望湖閘　自文華寺西往南過七里澗閘至太山墩向西出口
田頭道引河入黃河
現今運河出口由文華寺北西行過惠濟祠至太山墩後折
向西北至大墩出口會黃

自明潘季馴改移運口距黄淮交會之処不過二百丈黄水仍復内灌運口塾淤牽挽艱難于是建閘置壩啟閉之候

至　本朝新挑河移運于爛泥淺之上自新庄閘之西南挑河一道至太平壩又自文華寺永濟河頭起挑河一道引而南經七里閘復轉而西南亦接太平壩俱達爛泥淺之引河内則两河並行互為月河以舒急溜而備不虞外則河渠離黄淮交會処不下四五里黄水不特不能灌運河併不能抵運口矣

淮北漕河考 絶河入運舍危就安然又逆黄河時潴淤會通運以由舟行一路既廣水淺又慮河沖八閘之中尤多潰決為作淮北漕河考

自中河口至夏鎮幾五百里皆元明以來為漕運而開者

中河　起清河縣至宿遷駱馬湖止廣九丈至七丈不等深丈餘共二百里康熙二十七年新挑河開以避桃源宿遷一段黄河之險初約重運由此回空仍由黄河今河身廣濶即回空亦由之矣

仲家淺　本係初時中河出口处在清口下流黄水自西而來被仲家閘所出之水攔腰一冲大溜通撞南岸折回而掃清河縣玉皇閣一帶險工旋渦盤礴淮水勢弱被逼而不得北

出過循南岍側流至清和縣之八里庄將清口西岸黄河南岍汕去三四十丈斷之清口東北向而攝黄拖下者今則西北向而反以迎黄安能免於内灌淤塞

聖祖閱視河工命改中河出口処于楊家庄在清口上游南北兩漕渠並攻而下黄水不得不処其中由是積沙盡闢河道深通

明臣河議云漕河原不用黄河之水惟用汶洸沂泗諸泉溝湖之水足以濟之渡淮而西皆是清水至正統十三年黄河始分流至徐州以入漕河然猶稍、与清水合流清水七分

涸水止三分耳而河道仍狹沿河俱設有淺鋪後黃水大來
河道深廣淺鋪亦設而不用于是運河及借黃河之水而忘
其害馴至泥沙壅積併旧河而失之此後來以病爲藥而不
知反客爲主之害也今中河之開正合明初不用黃水之意
然後因中河水小時或引以濟運又適犯明運道用河之病
中河之開避去河險氣爲要策但新河開處不應逼近黃河
中間相去不踰數里近有止隔里許倘有疏漏能保無相侵
之患乎
要覽云中河以淺黃夫開中河所以避黃也極力堵塞尚虞

侵犯乃反用以淺黄﹅﹅由此淺則涸水由此行始而假道既而合併非淤即奪殆將不免

本朝運道自出清口湖黄河行一百七十餘里至宿遷縣又十餘里進駱馬湖口由湖中行四十餘里始入皂河又三十餘里至窰灣口入邳州境

駱馬湖　在宿遷縣西北十里廣七八里袤三十餘里上受沂河之委下出董陳二溝以入黄河明季嘗由此河行運入泇康熙十八年開皂河行運此湖遂廢不行

孫承澤河紀云駱馬湖在宿遷縣西萬曆中因磨兒庄水涸

損舡因築堤逼山東沂水入駱馬湖令出清江浦粮船進董家溝陳家溝由此湖入泇河

考駱馬湖本係民田明季黄河屡決河底墊高常有漫溢之水流入至低之田渟積不流因有湖名　本朝運船常行其中今湖中淤淺另開皂河運船但經其口不入湖行矣

皂河　在中河之北泇河之南起温家溝歷窑灣至毛兒窩共四十里其出口處去宿遷五十里康熙二十年間皂河運河為黄水所淤粮運艱阻乃遵

聖祖方畧開皂河口另開一河順導運河之水直下十五里出

張庄口清水遂有建瓴之勢黄雖異漲不能灌而淤之矣

直河口　在皂河口西十里明末粮船由此進口二十里田家口二十里馬庄集二十里毛兒窩後其口為黄水所淤改行於董家溝後董家溝復淤服道駱馬湖行湖中今粮船由中河過張莊口三十里牛頭湾二十里魚頭集二十里毛兒窩則又另是一河矣粮船過此口入閘河与黄河日遠故過直河口為重運一大關鍵

沂河　出山東沂水縣界南流過沂州郯城至徐塘入漕河

泇河　毛兒窩至夏鎮共二百五十二里為泇溝河有八閘明

萬曆三十二年揔河李化龍所開

考泇水有二東泇河源出費縣逵沂水西北箕山南流過卞莊東分一支入芙蓉湖西泇河出沂州西南東南流与東泇河合貫四湖又南合嶧縣滄浪淵同為武河謂之泇口中經葛墟嶺初謂不可開後竟鑿之

武河 即小沂水開泇河以避洪險先時已有其議至萬曆中始開之至今通行

隆慶時開泇河工部覆疏云良城至馬蹄灣石地五百五十丈上有黑土四尺下多砂土二三尺不等層叠又係礓土以

下紅砂石層、厚一二尺不等鍬鑺難施俱用鉄鍬石木等
錘開鑿深淺不等深處二丈五六尺淺處二丈二三尺以下
砂礓硼石愈加堅硬内有東西兩工泉水湧沸急流有声屛
水之工更多前項二程以下再挑二倍方与水平相等較之
先做一分尤為加倍一則高下出土之難二則晝夜撤水之
苦寔難開鑿當時覆部之言如此及後來開河建閘舟楫行
之避黃河之險者三百餘里則又以為漕河諸水之開莫善
於泇可見一時所見多有未盡然者親經踏勘者尚如此聽
說云乎哉

泇河之北有呂孟等湖水皆入泇溝以濟運

邳州　地勢低州東北毛兒窩一帶地勢高水發則直灌州城併宿遷各堤俱難保故築唐宋山格堤以攔之毛兒窩迎對為彭家河凡豐碭沛徐及東省十餘州縣俱由此河入運每慮伏秋暴漲運河難容故築毛兒窩萬店馬庄集減水壩三座以洩之使東入駱馬湖也

微山湖　周圍百餘里凡兗州東境之水皆南注之徐邳間一巨浸也今半淤為民田矣

昭陽湖　在沛縣東八里周圍二十九里鄒滕二縣水咸滙于

此下与薛水合自金溝口達于泗河嘉靖四十四年黄河北
溢湖堙又開新河運道去湖益遠矣

山東漕河考　新河會通水從東路山東湖水聊以資運然沙隄稱秋北形最下與河北決直注于此史病之地尤官預防也爲作山東漕河考

夏鎮至南陽九十六里共四閘名新河嘉靖四十四年挑河來衛所開南陽至南旺一百四十里共十一閘南旺至臨清三百六十里共十八閘俱名會通河明人循元人遺跡所通閘河本無水源所恃者汶泗沂洸諸水其出又微不得已置五水櫃積水以濟之即安山馬場南旺蜀山馬踏諸湖也明制各湖俱設水車三百五十部遇旱則起夫戽水入漕渠以濟運而諸泉之水亦所攸賴焉

汶河　汶水之源有三一出太山仙臺嶺一出萊蕪縣原山之

陽一出萊蕪縣寨子村會太山諸泉至靜封鎮合而為一謂之大汶口轉西南与小汶河合仝流至南陽縣西北分而為二其一為元人所攺于寧陽縣北作堽城壩阻截汶流遏使南出別為洸水會泗沂諸水分流入濟寧天井閘河南北分水濟運其一由堽城西流至東平州東五十里會坎河諸泉至汶口而分其西流者入大清河由東阿而北至利津入海此故道也無如濟寧州地低于南旺不使分水明永樂時開會通河乃于寧陽縣北三十里轉築堽城壩遏汶水入洸之流又於坎河之曲築戴村壩以遏汶水入大清河之路務使

全流盡由汶上縣西流至南旺南北分水六分北流入衛四分南流入漕　此漕河所資以濟運也

泗河　出陪尾山下四泉並發故曰泗水西南行經卞城過曲阜縣北分為二流北曰洙水流經孔林前而泗水繞其後合而西流至兖州府城東西南流合沂水一同入師家庄閘河元時因分水在濟寧乃作金口閘過水西流由府城以至天井閘濟運至今如是

沂水　此沂水出尼山過曲阜南合雩水入兖州城而西至濟寧州東合洸水入漕濟運

洸河　即汶水支流元人欲以濟運曰築堽城壩於汶北以遏其北流入大清河之路明初又改堽城壩于汶南以遏其南流會泗之路而洸河之流幾絶然堽城之南宮莊河之入於洸者如故但其源微而流不長成化十一年主事張盛復改堽城壩為堽城閘稍分汶水之支以益之遂西南流至濟寧會泗沂二水入漕濟運

沙灣　在張秋南十二里地低窪黄河北岸決常沖之

張秋　屬東阿縣跨漕河而為鎮運渠一大都會也然常為決河所中其閒係嚴在荆隆口及黄陵岡

臨清州　臨衛河濱漕渠貫其城中有二閘一啟則一閉与濟寧州同粮船過城入衛河則閘尽矣

河防権云閘河地亢衛河地窪臨清板閘口正閘漕衛兩河水交會処每歳三四月間雨少泉澁閘河既淺衛水又消高下陡峻势若建瓴每一啓閘放船無幾水即耗尽漕船多阻宜于閘口百丈之外用椿草設築土壩一座中留金門安置活板如閘制然將啟板閘先閉活閘則外有所障水势稍緩而於運船出口易於打放衛水大發即從拆卸歳一行之所費無幾亦権宜之術也

古黄河道　自開州南經館陶兵橋寧津界入海
明永樂時堂於中濼下二十里開濬旧黄河分導河流使由
故道北入于海
弘治初白昂議自東平東北至興濟鑿小河十餘引水入大
清河及古黄河入海
金堤　自崇陽經清豐南樂東昌至滄州至海
南陽湖　在魚臺縣東三十里周圍約四五十里運河經其中
水深五六尺淺者二三尺東湖俱芰荷西湖俱馬蘭艸及浦
葦

馬場湖　在濟寧北十里蜀山湖之南漕河逕其西周圍四十里東南有堤西北為受水處有斗門三座

馬踏湖　西南通南旺湖周圍三十四里東北有低缺處長十里築堤東水漕河亘其中汶河堤在其南

南旺湖　在汶上縣西三十里即宋時梁山泊之東涯周圍三百餘里明時周圍九十餘里漕渠貫其中北接馬蹹湖西北接安山湖南接馬場湖南北運道分水處今河身日淤弥望民田

蜀山湖　在漕河東岸即南旺東湖始初周圍六十五里中有

小山今淤

安山湖　在東平州西十五里繞安民山下旧志周圍一百餘里明時已為民田僅存湖形三十八里今一望平陸乎運道全無所濟

坎河泉　灰泉　扒頭泉　王老溝泉　大黄泉　小黄泉　源泉　静泉　蘆泉　席橋泉　徐家泉　安圏泉　呉家泉　鐵溝嘴泉　獨山泉　洲泉　張胡郎泉

以上十七泉属東平州皆入汶河

滚滥泉　雞爪泉　龍閘泉

以上三泉屬汶上縣皆入汶河
柳青泉
以上一泉屬平陰縣入汶河
槐卑泉　馬房泉　開河泉　王家泉　青泉　吳家泉　臧
家泉　董家泉　鹽河泉
以上九泉屬肥城縣皆入汶河
馬王溝泉　胡家港泉　龍王泉　陷灣泉　根悬泉　胡港
溝泉　狗跑泉　水磨泉　臭泉　新查出泉　土泉　張
家泉　梁家庄泉　梁子溝泉　北滚泉　順河泉　木溝

泉　風雨泉　馬光溝泉　板橋灣泉　龍灣泉　范家灣
泉　鯉魚溝泉　皂泥溝泉　水波泉　神泉　東西二柳
泉　刀溝泉　龍堂泉　顏謝泉　羊舍泉　真溝泉　糯
家泉　鉄佛堂泉　周家灣泉　清泉　新興泉
以上三十八泉屬泰安州皆入汶河
古城泉　柳泉　金馬庄泉　古泉　魯姑泉　張家泉　蛇
眼泉　井泉　三里溝泉　渠澢泉　龍港溝泉　龍魚泉
以上十二泉屬寧陽縣入汶洸二河
小龍灣泉　大龍灣泉　羊壁店泉　淥馬河泉　牛王泉

蓮花泉　青泥溝泉　胡眼泉　趙家泉　馬江岍泉　盧
莊泉　針理泉　明山泉　郭娘泉　海眼泉
以上十六泉屬萊蕪縣皆入汶河
和庄泉　名灣泉　靈查泉　古河泉　公家泉　賈周泉
孫村泉　劉杜泉　張家泉　名公泉　西都泉　南陳泉
魏家泉　南師泉
以上十四泉屬新泰縣入汶泗二河
紙房新泉　驛後新泉　下蔣硎泉　西北新泉　上蔣硎泉
舊假泉　古溝泉　閻黨泉　東北新泉

以上十泉屬滋陽縣分入泗河兖州府河西流濟運
近溫泉　埠下泉　新安泉　青泥泉　曲溝泉　蜈蚣泉
濯纓泉　溫泉　連珠泉　新泉　雙巧泉　城北新泉
茶泉　柳青泉　車輞泉　逵泉　變泉　城南新泉　洙
泗河泉　曲水詠歸泉
以上二十泉屬曲阜縣入沂泗河濟運
三角灣泉　柳青泉　程庄泉　淵源泉　勝水泉　白庄泉
盂山泉　白馬泉　陳家泉　孟母泉　鱔眼泉　馬山
泉

以上十二泉屬鄒縣皆入泗河濟運

覌庄泉　杜家泉　黄溝泉　岳陵泉　壁溝泉　七里溝泉
黄陰泉　天井泉　王溝泉　三角泉　西岩泉　蘆城
泉　大王溝泉　小王溝泉　蔭出小泉　醴泉　東岩石
縺泉　珎珠泉　黄花泉　趙家泉　合德泉　龟陰泉
龟尾泉　龟眼泉　醴前泉　石井泉　黑撈溝泉　蔣家
泉　曹家泉　蔭出泉　雙巧泉　吳家泉　卞橋泉　潘
波泉　潘波新泉　琵琶泉　叁聚泉　甘露泉　甘露新
泉　黄陰泉　馬庄泉　三台泉　馬跑泉　紫黑泉　白

石泉　新開泉　紅石泉　響水泉　雪花泉　趵突泉
濤靡泉　黑虎泉
以上五十二泉屬泗水縣入泗沂二河西流濟運
馬陵泉　艳埜泉　蘆溝泉
以上三泉屬濟寧州
中滋泉　河源泉　廟前泉　高家泉　高家東泉　河頭泉
勝水泉　東龍泉　聖母池泉　平山泉　古泉　西龍
泉　逵家潭泉
以上十三泉屬魚臺縣東流濟運

三里泉　劉家溝泉　三山泉　北石橋泉　大烏泉　趙溝
泉　絞溝泉　荆溝泉　南石橋泉　温水泉　玉花泉
位莊泉　龍灣泉　白山泉　黄溝泉　三界溝泉　荆溝
泉　豹窝泉
以上十八泉屬滕縣西流濟運
撖井泉　龍王泉　許池泉　許有泉　温泉
以上五泉屬嶧縣
按山東泉源屬兖濟二府一十六州縣共一百八十泉分為
五派以濟運道　新泰萊蕪泰安肥城東平平陰汶上蒙陰

之西寧陽之北九州縣之泉俱入南旺謂之分水派　泗水曲阜滋陽寧陽迤南四縣之泉俱入濟寧謂之天井派　鄒縣濟寧魚臺嶧縣之西曲阜之南五州縣之泉俱入魯橋謂之魯橋派　滕縣諸泉入獨山呂孟諸湖以達新河是爲新河派　沂州蒙陰諸泉與嶧縣許池泉俱入邳州謂之邳州派此派悉在泇北條下因諸泉類及故附于此者酌其緩急則分水天井魯橋三派尤爲漕河命脉每歲春夏間宜督管泉官夫疏濬通達庶其有濟

臨清至天津漕河考衛河一水通至天津皆源太微支河復少旱則淺澀緣即衛決閘異常也但引汶引漳供濟等計爲作臨清至天津漕河考

自臨清至天津共九百五十里係天然之河漢曰屯氏河隋曰永濟渠宋時黃河出入其間金元以後曰衛河亦曰御河

衛水　發源于河南輝縣蘇門山名曰朔刀泉經新鄉等處合淇漳二水過館陶至臨清合汶河之水經德州出天津直沽入海板閘以東全賴此水濟運無如發源本微太行山一帶雨多水即洋溢破堤決岸為滄瀛患若遇旱乾水即淺澀粮運艱阻昔年漳河自館陶入衛水猶可以通舟自萬曆間漳河北徙衛河水益少漕運益苦淺澀矣

衛河水大則倒灌臨清閘內以濟運道水小常賴臨清閘官于板閘底下作槊放水出口使粮船稍得行動不然竟擱住不行矣凡御河官提淺約定有三尺半水頭則免參罰否則沿河文武之責也起剥盤費治河官出蓋北河不比南河南河有乙費北河無之也

明永樂十年開滄州西北小河 其河自衛河岸東北至旧黄河一十三里開通泄水以入旧黄河至海豐縣大沽入海凡四百五十七里 按衛河以北常若水患蓋河間當九河下流地本低窪又承太行山千溪萬壑奔冲之水渟洄積貯于

此泛濫横溢何所不至獨是德州東岸既有此河何不決之使一殺其怒乎衛河之隄不比黄河黄河北岸逼近閘河其隄必不可輕動衛河東岸已經近海又斥鹵荒邑何惮而不為也

鯀堤　在故城縣西南三十里延袤千里自順德廣宗累來

陳公堤　在德州東南五里歷恩縣抵東昌東北抵海相傳宋陳堯佐守滑時作九河故道在滄滄間今已形迹全無

古堤　在吳橋城南西南接德州界東北入寧津界

滹沱河　自山西流至青縣南岔河南入衛

明天順時都察院都事金景輝疏言運河水淺查得汴梁城北原有黄河故道其河由長垣曹州至鉅野縣出會通河由臨清下衛河若挑濬深濶可引河沁之水以通運又江淮民舡亦可由徐州小浮橋達陳橋轉至臨清可免濟寧一帶閘座擠塞留滯之病矣

明時議引沁入衛以殺黄河之勢諸揔河駁之曰衛漳暴漲元魏二縣田地每被淹浸民已不堪况可益之以沁乎且衛水固涸而沁尤甚以涸益涸臨德一路必至湮塞不可也

明萬曆時管河楊一德議導沁入衛濟漕給事常居敬言衛

輝城早於河恐一决有冲潰之患沁水多沙善淤入漕未便
本朝康熙六十年沁水漲决由開州長垣流至山東張秋鎮
侍郎張伯行議引以濟運尚書張鵬翮以為不可奏寢之想
亦宗潘常之說也

天津至張家灣漕河考下合衛河上合通惠諸水所會號爲南北諸衛京通今將天津六百里爲塞要衝矣爲作天津至張家灣漕河考

此段河共二百八十里謂之潞河資潞河白河桑乾諸水以通漕運過此四十里至通州十五里達京師則資通惠河矣

天津州　衛水至此接潞河

潞河　源出塞外流經通州至天津合衛水入海

盧溝河　合涞易諸水源遠流長多漲巨浸于武清縣南合潞河從直沽入海

白河　源出霧灵山由密雲縣會榆河渾河至張家灣与通惠河合

通惠河　源出昌平州流經都城入紫禁南出玉河橋由大通橋至通州与白河合楊村以北通惠之勢峻若建瓴白河之流淤沙易阻夏秋水漲則懼其潦冬春水微則病其澁既難建閘以備節宣惟有疏濬之工殊為吃緊又沿河兩堤如板罾口火燒屯王家務桃花口以上堤岸坍塌卑薄最為險要水漲即決瀕河州縣淹浸為患粮船漂淌人甚苦之

淮河考

四瀆之名淮居其二中條之水畢會于淮自淮會淮流浸淫泛濫助黃肆虐為患東南亢與黃埒矣爰作淮河考

淮水出河南、陽府胎簪山過桐柏縣東行過確山縣南又東過信陽州北又東過羅山縣北又東過光州北又東過固始縣北又東北至江南潁上縣又東七十里至筭橋河口又東四十五里至壽州渦河口又東十五里至肥河口又東十五里過下蔡南又東九十里治河又東五十里馬頭城又東北三十里至懷遠縣荆山對河塗山又東一百里鳳陽府又東二十里臨淮縣、又東八十里五河縣又東三十里浮山又東九十里舊縣又東五十五里泗州對河盱眙縣又東三十里龜山又東北過洪

澤湖、東為瞿坝又東北過阜陵湖〻東為高良澗周家橋又東北過泥墩湖〻東為高家堰又東北過范家湖、東為武家墩又北出清口入於河

右係現今淮水路程不惟與禹貢不同亦且與水經注有異蓋歷代變遷使然也

按淮河為四瀆之一會河南江南兩省强半之水以出清口源遠流廣一當漲決莫可過禦及其枯涸又難沖刷浮沙淮弱黃强遂為漕糧運阻滯職此之由運道樞紐全在乎是節宣之道不可不亟講也

桐柏至泗口淮河考（諸水所趨一百三十沿途受納旱潦湯盈奇無節宣下汛多來皆以溉溉不惟水有枝流而田亦多所利矣爲作桐柏至泗口淮河考）

此段淮河經歷兩省所會諸水皆自河南而來沿途合流以入于淮

少陽　濮溪　穎水　五渡溪

以上四水自河南府來入淮

淮源　貫河　澧河　灰河

以上四水自南陽府來入淮

馬蹄河　旃然河　鉄裏河　穀河　石梁河　瑪瑙河　泗

曲河　玉寨河　賈路河　五通河　汜水　溉水　鄭水

京水　索水　須水　巴河　阿谷水　伯俞河、蔡河

惠民河　溱水　洧水　土盧河　隄河　潁水　溪水

楮河

以上二十八水自開封府来入淮

汴河　馬腸河

以上二水自歸德府来入淮

白河、睢水

以上二水自夏邑縣来入淮

洪河　荆河　沙河　来馬河　包河　黄西河　呉寨河

石洋河　白露河　官渡河　潢河　高陌河　寨河　营河、泥河　谷河　閭河　五水　閿河　史河　曲河　石槽河　明河　黄土河　獅河　三灣河　九曲河　竹竿河　溴水　滍水　汝水　鯛水　紫水　大灌水　小灌水　金漿　澗水　沥水

以上三十八水自汝寧府來入淮

汝河　洗耳河　黄澗河　沙河　祿河　長橋河　湛水　妙水　滍水　扈澗水

以上十水自汝州來入淮

按五府一州有名之水通共八十八道内伯俞河蔡河惠民河三水巴淅陂河即睢水楮河即潁水寔八十三道尚有河南之房村河汜水潳河昆水三里河扬子河三家河黄泥河燒車河月河盧家河瀙水五里河棗祇游河楊椰河淇河孔家河羅鈑河漗陽河流堰河小黄河滁坡河双輪河穆家河馬長河春河桂河鄭家河江南之洶河絨河柳溝河小澗河大澗河炎河淝河宋唐河琰河決水沘水泄水洱河渦河東濠水西濠水許家河又共四十六道統而計之為一百二十九道水皆入淮其山溪小澗之水未能悉載所以一經驟雨衆

水下流惟陳蔡之間善治陂澤非獨水得所歸民田亦獲灌溉之利若開封歸德一帶河道淤塞溝洫不通水無出路時多旱潦之憂

泗州至清口淮河考

漕黄樞紐南北咽喉力專則黄刷勢弱則沙淤洪澤既清滙関津高堰实淮揚保障雖非漕運所經实為河防重地為作泗州至清口淮河考

此即禹貢東會于泗沂之路古者泗水入淮在今泗州謂之泗口隋唐汴渠亦由之元至正二十五年河決小河口于是泗州之泗水流絶直至于今俱從清河入淮然淮之故道固無改也

泗州　其城臨淮本屬旱地黄河自小河南決挾諸湖之水建瓴而下濚泗州境不得宣洩而州城始漸浸矣蓋州城對峙

即係盱眙縣盱眙之南即天長六合多岡岀疊障淮水不東而反北出其勢已逆而龜山又復間阻故州治時被水淹

洪澤湖　在山陽縣西南九十里本屬小河自黄河潰決全淮壅注不得暢流入海漫衍四反遂為淮鳳間一巨浸其中尚有洪澤村寥寥民居數十浮沉于洪濤之中其周圍大約有數百里西北堤曰歸仁所以障黄河濉河及璽芝諸湖水之北来東南堤曰高堰所以障淮水之東出務使淮水全注清口以助黄刷沙使水出海

阜寧湖　泥墩湖　范家湖　三湖相接在洪澤湖北淮河西

自河決淮漲滙爲一湖淮水亦行其中莫能辨矣

頭道引河　爛泥淺大引河　爛泥淺小引河　裴家廠大引

河　四道並在范家湖北蓋范家湖去清口尚遠積沙阻之

不能冲刷新挖河疏此以導淮刷黄而不知河分爲四其力

已微黄水來之倒灌諸湖汪洋大水行將胥化爲庚未可知也

翟壩　去清口一百二十里洪澤湖水有東流入寶應湖沖潰

河隄岈者築此壩銜

越城周家橋　去清口九十里地勢稍亢淮水大漲方有溢出

之水、消仍爲平地蓋不洩淮河固有之水無碍于刷沙之

力者也故淄挖河稱為天然減水壩坡而不堤

高良澗　在淮河東岸

高家堰　在淮安城西南四十里起武家墩經小大澗至阜寧湖止相傳漢廣陵太守陳登所築明世脩之所以阻障淮水使不得東入漕渠以灌下河田地關係甚重歲久剥蝕私販盗徒利其直達可免盤詰往往盜決之至隆慶四年大潰淮水東注下河七州縣俱被水淹而淮安城内可以行舟淮水既東黄水躡其後濁流西泝清口遂淤決水行地面室淺不及清口之半不免傳注上源而鳳陽壽泗間亦成巨浸矣明

潘總河重修本約消滴不容減漏以全淮力　本朝靳總河
乃於堤上設滚水壩六座闊一百八十餘丈俾泄諸湖之水
入下河七州縣于是下河水沒而清口沙淤矣恭遇
聖祖閱視河工命折六壩以束淮敵黃清口復通
武家墩　近清口
王簡張福二口　在清河縣黃河南岸淮水漲時每從此淺入
黃河致分淮水之力而清口淤淺且黃水泛漲亦能倒灌入
淮故築二堤扞之則淮無所出黃無所入而清口之力專矣
觀乎此而猶淮套分淮之策豈可行乎

歸仁隄　在泗州城北長三十九里明潘總河修築以捍禦黄水睢水湖水使不得直射泗州沖高堰又東睢湖二水併注于河以助其湍激刷沙之勢康熙七年桃源河決黄水泛溢靳總河乃作滚水壩于歸仁堤初意祇在疏洩漲水而不知黄水遂入睢湖諸水從之淮尔大漲以致泗州頻歲淹沒而河流又因失助刷沙無力以致清口沙停濁流倒灌遂決高堰而下河七州縣被灾則歸仁堤開填減水之害也康熙三十五年

聖祖親臨閱視開歸仁引河導睢入河而淮流減漲泗城復安

清口以東淮河考 堤埧呈羅帆檣雲集但數里之內兩瀆交流四口互注一河中央下河爲患莫甚東以下一河獨流患差少年爲作清河以原淮河考

此段淮河今日已爲黃河所據人皆謂之黃河矣然寔淮河故道也

草灣河　黃河故道本在淮安府新城之北西橋地方東行入海明嘉靖三十年間忽流行于草灣地方而西橋之故河塞未幾草灣河塞大河仍行于西橋萬曆十六年大河又行于草灣而西橋之河淤其河東流六十里至赤晏廟後南合于正河河身索闊百許丈而清江浦則遠于河患矣

老黃河　自桃源縣三義鎮經毛家溝漁溝寺處仍歸大河去

清口僅五里耳

王家營　訾家營之下鮑家營鮑家營之下王家營在清江浦對岸此处嘗有決河北流分行入海故道此処得洩清江浦外堤可保無患

雲梯關　在安東縣東八十里旧時黄河于此出海今関東谷叠漲沙至海口一百二十里土人謂更復幾年可走上雲臺山滄海桑田詎不信夫

礓砂　黄河中礓砂三處桃源之古城清河之曹家窪安東之蓮華岔也每為河流之梗然去之甚難當冬春水落用釘犁

鉄鈀等鏟削終難施力宜于伏砂斷絶之処另開越河里許引水避沙

下河

下河形勢西則漕堤南則皋泰一帶江岸北則廟灣一帶陸地東則沙岡綿亘二百餘里自廟灣南盡于丁溪四圍俱高而興泰鹽及各縣之田處其中故諺有如釜之喻南河志云高宝諸湖受天長六合横冶諸山溪澗之水平時已有滔天之勢若放淮入湖則高宝一帶漕堤即鋼之鉄難保不崩﹅則運道阻而民其魚矣故下河遇霪潦之年淹没在所不免明隆萬間下湖積水開射陽湖以洩之不能盡又開丁

溪草堰白駒塩城海口以洩之積水始平爰設閘座水大則
啟之以洩内水天旱則閉之以拒海潮其原来湖蕩低窪之
處仍聽存留以備漁採故田疇歲棄而為魚米之鄉
河防一覽議支河云下河水溢當事者不探其原惟尋其委
請開興化縣之丁溪白駒二場海口塩城縣之岡祿港及踏
勘看得地勢外高内窪無從宣洩而潮水灌入填塞甚易士
民又呈稱開挑支河引入潮水一為淹没永不堪種
范公隄 起自吕四場終于徐瀆接連數百里環繞三十場堤
以外俱係塩場草蕩灶丁居住煎辦塩課離海遠者百里近

者數十里不等堤以内則有運鹽官河一道南抵泰州北抵
廟灣西通高寶興鹽諸處各湖港商民船隻往来盖外以捍
海潮内以護鹽河計至深利至溥也其減水入海之路有白
駒閘口及牛灣河瓦龍諸港皆隨地形潮勢宣洩亦不為害

歷代河淮交會考

淮南黃北形勢不同黃濁淮清性情迥别然北者忽移而南清者忽变為濁交會之桄廠有由始為作歷代河淮交會考

漢

武帝元光三年河决瓠子通於淮泗

此黃河合淮之始至元封二年後塞

宋

太宗太平興國八年河決滑州由曾濟至彭城入淮

自元封塞後至此已千餘年矣

真宗咸平三年河決鄆州入淮泗

天禧三年河决滑州東入淮
神宗熙寧十年河决滑州由南清河入淮
金
章宗明昌五年河决開封由渦河至泗州入淮　自此之後黄
河常與淮合
元
順帝至正二十五年河决小河口由清河縣入淮
至正二十六年河北徙清河口復淤
明

太祖洪武元年河自泗水入淮

洪武二十四年河決原武由潁州至正陽鎮入淮

英宗正統十三年河自滎陽由渦水至懷遠入淮

孝宗弘治七年劉大夏引河水一由中牟至潁州東入淮一由亳州從渦水入淮一由宿遷小河口入淮

世宗嘉靖七年河決一由滎澤經陳潁至壽州入淮一由開封府經睢亳至懷遠入淮

嘉靖十九年河決睢州由渦河入淮

穆宗隆慶四年河決高家堰　自此淮黄始合流為患于下河

神宗萬曆三年淮黄合流決壞高家堰
萬曆二十二年河決挾淮水灌泗州城
萬曆二十三年河水挾淮水由邵伯埭下芒稻河入江
萬曆三十年河決蒙墻由洪澤入淮
熹宗天啓二年河灌下河挾淮水俱由興化五場出海
國朝
聖祖仁皇帝康熙九年河決清水潭
康熙十一年河決清水潭逮年冲決下河
康熙三十五年河決灌下河七州縣

古者河淮本不相通自金以後合而為一清河以東之淮身胥化濁流而反客為主矣要之河與淮合河之利非淮之利也蓋河流濁滓淮之清水与之并力刷沙是河利也然河或有時而淤則淮入海之道亦塞非惟淮無所洩凡汝潁濠淝等水俱無從洩故于淮非利也且淮弱河强淮退縮一里河即倒灌一里于是交同趋于海之勢而同注于漕渠再挾諸湖共為泛溢沖堤坎壊害可勝言耶

又考明初運河本不通淮粮舡俱由淮安府東北車盤過壩入河平江伯開清江浦運河始通于淮然初時防護其法甚

嚴自移風閘以下連建數閘遞相啓閉以免倒灌止許粮船鮮舡由此出口餘船仍令車盤過垻又申嚴閘禁每歲三月粮船過盡即便封閘直待伏秋水發過後至九月再開放回空粮船進口又慮河溢侵漕于是堤北河之南岸四十里以護漕河石甃硫嘴于草灣對岸之冲以護垻又慮淮漲侵漕于是築淮東之高家堰長二十六里以護漕河磚甃涵洞於中以護堰法甚善也日久廢弛任河淮交通以致合併爲寇則後人之咎非前人之咎也

又考黄河入淮、勢弱不敢与河抗始穿高堰決溢于下河併侵泗州或者不察更欲決堰以泻淮而救泗不知高堰一決則淮水尽趋于湖入海之分数少而淮益弱矣淮弱則黄躡其後高堰難決安能泻淮水之涨乎蓋淮但可導之入海必不能使之由湖以入江淮南之地由高宝而東則供下邵伯而南則又昂淮之不得達于江也地限之也夫淮為泗患淮即泗之冦也為泗計者宜逐之出境而諉之四出以掠内地可乎黄為淮患黄即淮之冦也為淮計者宜堅壁以待而開関延数使来勝深入可乎况淮黄合縱而至上不固守之于要害下不圖浅之于尾閭而徒曰撤堰是不知割地之難

于自完而滅航之終于瑕虞也

歷代河決考

黃河為患自古而然四千餘年不知幾經氾溢矣紀其歲時稽其郡邑俾治河者有所徵焉為作歷代河決考

唐

堯時洪水橫流氾濫於中國禹疏九河瀹濟漯而注諸海洪水之患莫大於河故禹治水導河之功獨多此河患之始也漯水即河之支流河渠書謂禹厮二渠以引河者此也疏九河疏二渠此後世開分水河之始

商

仲丁時河决西亳乃遷于囂

西亳今河南府偃師縣囂在今滎澤縣西南

河亶甲時囂圮于河乃遷于相

相在今内黃縣東南

祖乙時相又圮于河乃遷于邢

邢在今懷慶縣境春秋時爲邢邱

盤庚時邢又圮于河乃遷于殷

殷在今彰德府境惟蔡沈書經註謂殷即西亳

武乙時殷又圮于河乃遷于朝歌

朝歌今衛輝府淇縣
按商世五遷皆因河决其所遷都亦始終不離大河南北故
受河患獨多然特國都受河患河身未嘗有遷徙也

周

定王五年黄河南徙
行於今胙城濬縣大名清河冀州景州寧津塩山諸州縣境
按黄河自西周以至戰國八百年間未有一字言其决者惟
漢時王横奏引周譜云、則周時河决惟此一次安瀾固最
久也

魏襄王十五年河溢酸棗

竹書紀年云魏襄王十年十月大霖雨疾風河水溢酸棗郛

秦

始皇帝二十二年決河灌大梁

漢書王橫奏云秦攻魏決河灌其都決處遂大不可復補此

河隙之始開也

漢

文帝十二年河決酸棗東潰金隄發卒塞之

金堤當卽戰國時所築此塞決河之始也

武帝建元三年河溢平原
元光二年河徙東郡注渤海
禹時河入海在碣石今注渤海是又非周秦以來故道矣
元光三年春河徙頓邱夏復決瓠子注鉅野通于淮泗塞之復壞遂不塞
是時因丞相田蚡奉邑食鄃〻在河北河決而南則鄃無水災邑收入多以故久不塞汛溢二十四年
元封二年塞瓠子河〻復決館陶分為二渠
帝從萬里沙還自臨河上令從官皆負薪置決河遂塞瓠子

梁楚俀寧未久河復北决于館陶分爲屯氏河東北流經魏

郡清河信都渤海入海与大河並行大河在東屯氏河在西

屯氏河又自信成縣分爲張甲河東北流至蓨縣入漳大河

又自靈縣分支爲鳴犢河東北流至蓨縣入屯氏河數河並

行安瀾七十二年

宣帝地節將郭昌穿東郡界中直渠河流通利

此開直河以治水之始也

元帝永光五年河决清河靈縣鳴犢河屯氏河絶鳴犢河因亦

不利張甲河自入漳水

黄河秖行館陶東出至高唐平原濟北棣濱一道
成帝建始四年河決東郡金堤灌四郡三十一縣
先是清河都尉馮逡奏請復疏屯氏河及鄃邑所穿直渠不
果行河尋決
河平元年使王延世塞決河
河平三年河決平原流入濟南千乘泛濫六月王延世復塞之
鴻嘉四年信都清河渤海河水溢灌縣邑三十一孫禁請於平
原界開篤馬河以分水勢不果行決口亦竟不塞
按黄河在漢世凡決九次多在兖冀之境而東郡為甚據貫

議之奏東郡民傍河為居立石堤東水百餘里間至再西三東迫阨如此河安得寧由此觀之河決之患雖由天命未始非人事之失宜也

新

新莽三年河決魏郡泛清河以東不塞遂為常道河沫混流

史言新莽時黃河決徹能治河者以百數言人人殊而莽但崇空語無施行者以故河久不塞任其流行遂為常道行于今濬滑清豐朝峯華縣東昌高唐平原武定濱州之累係古時漯水故道竟數百年河流安靖不更遷移豈新莽之疎防

反勝於諸臣之穿鑿歟

東漢

明帝永平十一年四月遣王景修汴渠堤自滎陽至千乘

汴渠即蒗蕩渠又名陰溝水係北濟故道西漢末濟水不復絶河南出其出於河竟是渾流故不名濟而名汴

永平十四年四月汴渠成河汴分流

自此河行漯水故道汴行北濟故道

順帝陽嘉中築汴渠金隄

酈道元水經注順帝陽嘉中自汴河口以東緣河積石為堰

通淮曰傘陡此南清河即古汲水陰溝水故道隋唐汴渠由

之

靈帝建寧中築汴渠石門以遏河流

是以汴渠謂之石門渠

元和六年金城河溢

閔輔以西河不常決上下三千年誌河決者祇此一書而已

晋

懷宗永嘉三年夏旱河水竭入可涉

按六朝時河行漯水故道下流并行于大清河

隋

煬帝大業元年導河自滎澤入汴以通淮泗

此即漢順帝通淮之汴渠自此為唐宋江淮運道

大業四年穿永濟渠引河水入御河北通涿郡

河水通御河惟在此時其他不關也元初江淮漕米運至中

灤使登陸行旱路一百八十里始自淇門上船由御河至燕

京可知後世此路不通但未知洪在何時耳

大業七年厎柱山崩河水逆流數十里

唐

武后聖曆十六年河溢漂千餘家
玄宗開元十年河決慱州
朱子綱目自新莽三年書河決後歷六百四十九年始再書
河決安瀾之久無如此者
開元十四年河溢魏州
開元十五年河溢冀州
代宗廣德二年劉晏濬汴水以通漕運
憲宗元和八年振武河溢毀東受降城冬發卒鑿黎陽古河以
紓滑州水患

昭宗乾寧三年河溢毀滑州城朱全忠決為二河夾城而東為
害滋甚
有唐二百八十九年書河決一而已餘皆書溢、者河道無
遷改也
後梁
均王貞明四年決河以限晋兵不復塞河遂常決為曹濮患
河禁盜決盜決且不可況自決以閉河隙終綱目書決河三
春灌大梁決處遂大基孝文酸棗之決、梁世兩決遂為晋周
河患河隙之不可闢如此

後唐

莊宗同光二年塞决河尋復壞

後晋

高祖天福三年河决鄆州

天福四年河决博州

天福六年河决滑州環溺兖濮諸州

此决河之南岸也

出帝開運元年河决滑州灌汴曹單濮之境環梁山合于汶濟

民塞之

此決河之南岸也
開運三年河決楊劉西入莘縣廣四十里自朝城北流
此決河之北岸也楊劉鎮屬鄆州東爲東河西爲濮州德勝寨臨河北去頓邱二百里蓋五代前旧河在頓邱北東至博州五代時河屢决南徙河在頓邱德勝城南矣
後漢
高祖乾祐元年河決魚池
此決河之南岸也魚池屬滑州宋史河渠志滑州有魚池埽
乾祐三年河決鄭州

考歐陽修五代史河决原武〻〻屬鄭州亦南决也

周

太祖廣順二年河决鄭滑自楊劉至博州分為二派滙為大澤

又東北灌齊棣淄諸州遣使塞之

顯德元年李穀塞張秋决河治堤自楊穀抵張秋口以遏之

决河不復故道離而為赤河〻故道在博州東出茲不復流

行也

顯德五年河决原武發卒塞之

經自千三百年書河决十六五代自晉至周二十二年書河

決者九河自此多事史不絶書矣

宋

太祖乾德二年議復䧟河不果赤河俄決于東平水淹七州

宋初河由汴濬滑澶濮鄆齊棣滄諸州境東入海即赤河水道也

乾德三年河決陽武及澶鄆

考五代前澶州治頓邱在河北晉天福中徙治德勝南城在河南自頓邱東去二百里此澶州德勝南城也鄆州今東平州

乾德四年八月河決滑州壞靈河縣大堤
是歲詔開封大名鄆澶滑孟濮齊淄滄棣濱德博懷衛鄭諸
州長吏並兼本州河堤使蓋此諸州皆宗時河所經也
開寶四年河決澶州泛數州
開寶五年河大決濮陽又決陽武曾輸塞之
太宗太平興國二年河決溫縣又決滎澤又決頓邱皆發民塞
之
太平興國三年河決滑州靈河縣塞之復決
太平興國七年河大漲蹙清河凌鄆州城將陷

此南決也
太平興國八年五月河大決滑州之韓村泛澶濮曹濟諸州民
田廬舍東南流至彭城界入於淮
此決河之南岸也時議謂治遙隄不如分水勢于滑澶二州
之地立分水之制不報河尋塞
太平興國九年春河決滑州房村
此河南決也
淳化四年十月河決澶州陷北城詔發卒治之
澶州北城即德勝北城是歲巡河供奉官梁睿上言滑州土

脉疏岍善潰每歲河決南岍害民田請于迎陽鑿渠引水凡
四十里至黎陽合大河以防暴漲復鑿韓村至州西鐵狗廣
凡十五里復合于大河以分水勢此作月河之始也
真宗咸平三年五月河決鄆州浮鉅野入淮泗徙鄆州城
先是赤河決壑濟泗鄆州城中常苦水患至是積潦弥甚乃
徙州城于東南十五里陽鄉之高原此徙城避水之始也
景德元年九月河決澶州橫龍埽
河自北別出為橫隴河行于齊棣濱三州之境由大清河入
海所謂橫隴故道与前赤河分道流行自周顯德初河行赤

河至此五十四年

景德四年河決壞澶州王公埽

大中祥符三年十月白浮圖村河水決溢

大中祥符四年遣使於滑州西岸開減水河九月河決棣州聶家口

河自此泛溢于山東之北境首尾凡四年

大中祥符五年河決棣州東南李氏灣

大中祥符七年河決澶州大吳埽

大中祥符八年徙棣州城

陳堯佐議開滑州小河以分水勢按此即前梁齊之故智也
天禧三年河決滑州西北天臺山歷澶濮曹鄆注梁山泊合清
水古汴渠東入于淮泛濫九閲月而塞
此河南決也
天禧四年六月河復決天臺下走衛南浮徐濟
此河南決也知州陳堯佐並旧河開枝流以分殺水勢
仁宗天聖五年始塞天臺決河、随決滑州南之龍門埽十二
月濬魚池埽減水河
此河南決也自景德元年横隴河与赤河分道流行至此二

十四年

天聖六年八月河決澶州王楚埽河臣靖疏鄆濮界之麋邱河以分水勢

此時既有赤河又有橫隴故道又有麋邱河又有王楚埽分流之河蓋非一道

明道二年從朝城縣廢鄆州之王橋渡淄州之臨河鎮以避水

據此則宋河下流直泛溢過小清河矣

景祐元年七月河決澶州橫隴埽十餘年水不為患

水流就下順其性故也。

慶曆元年議開分水河以殺河暴未興工而河流自分
慶曆三四年横隴河海口淤游赤金三河相次又淤
慶曆八年六月河決商胡埽
商胡埽屬澶州河北決也自天聖六年四河並行至此十九
年
歐陽修云河本泥沙無不淤之理淤常先下流下流淤高水
行漸壅乃決上流之低處此勢之常也
皇祐元年商胡決河自澶館陶合永濟渠通恩冀東強河間
至乾寧軍東入海

此所謂北流之河也横隴故道自此斷流矣
皇祐二年河復決館陶之郭固
皇祐四年塞郭固決河〻臣請開六塔河以分殺水勢
六塔河自館陶南分支經博州至平原界入横隴下流時河
臣欲借六塔河以回河於横隴故道也歐陽修云横隴湮塞
已二十餘年商胡決又數歲故道已平而難鑿安流已久而
難回此其必不可也
嘉祐元年四月塞商胡北流挽河入六塔河是夕復決
時歐陽修再疏請止不聽卒挽之六塔河身小不能容是夕

湲決溧溺兵夫芻藁不可勝計

自慶曆八年河決商胡祇行一道至此八年

嘉祐五年議濬二股河

河流派别于魏之第六埽曰二股河二股河行一百三十里

至魏恩博德之境曰四界首河韓贄言四界首古河所經浚

之以支分河流入金赤河商胡決河自魏至恩冀乾寧入海

二股河自魏恩東至德滄入海分而爲二則上流不壅可以

無決溢之患二股河時謂東流

嘉祐七年河決大名第五埽

英宗治平元年始命浚二股五股河以紓恩冀之患

神宗熙寧元年河溢恩州又决冀州棗彊埽北注瀛七月又溢

樂壽占御河胡盧河道爲恩冀深瀛之患

熙寧二年濬二股閉斷商胡北流河隨决許家港汎溢大名恩

德滄永静五州軍境

先是司馬光上言極諫不聽塞之尋决

熙寧四年七月河决大名漂溺館陶永濟清陽以北八月河溢

澶州曹村十月河溢衛州王供泛恩冀貫御河奔衛爲一詔

復修二股河

熙寧五年四月二股河通決口塞六月河溢大名夏津

可見開二股河之無用神宗常語執政河決不過占一河之

地或東或西若利害無所校聽其所趋如何又云歐陽修嘗

謂開河如放火不開始失火與其勞人不如勿開

熙寧十年七月河溢衛懐滑澶諸州北流斷絶河道南徙東滙

於梁山張澤濼分為二派一合南清河入淮一合北清河入

海凡淮郡邑四十五濮齊鄆徐水患尤甚八月河又決鄭州

滎澤

自嘉祐元年挽河不成其後屢塞屢決河仍北流凡二十一

年南徙又一年

元豐元年四月決口塞河復北流河臣自此多言復禹旧迹

元豐三年七月河決澶州

元豐四年四月河决澶州小吳埽自澶注御河泛恩州入界河行流

元豐五年六月河溢内黄八月河決原武九月河溢滄州南皮及永静軍

元豐六年范子淵開河欲復禹蹟功用不成

元豐七年河溢元城

大抵熙寧初專欲導東流塞北流元豐以後因河決而北議
者又欲復禹故蹟神宗愛惜民力思順水性不許也
元豐八年河決大名河北諸郡皆被水災諸河臣又請回河東
流
是時河流雖北而大名之孫村低下夏秋霖雨漲水往往東
出小吳之決既未塞又決大名之小張口河北被水知澶州
王令圖建議濬迎陽旧河又于孫村金堤置約復故道于是
回河東流之議起
哲宗元祐元年河決滑州諸河臣請開孫村口減水河

相度河北水事張問奏言臣至清州决口相視迎陽埽至大
小吳水勢低下舊河淤塞故道難復請於南樂大名埽開直
河并簽河分引水勢入孫村口以解北京向下水患於是減
水河之議復起
元祐二年河决南宫下埽
元祐三年河决南宫上埽
元祐四年河决宗城中埽
元祐五年罷修河役
元祐七年大河東流

趙偁言回河三年功費騷動半天下復為分水又四年矣所
謂分水者因河流相地勢導而分之今乃橫截河流置埽約
以扼之開濬河門徒為淵潭其狀可見況故道千里其間又
有高處故累歲漲落輒復自斷
元祐八年河臣請塞北流水道壅潰南犯德清軍西決內黃東
淤梁村北出闞村宗城決口復行魏店北流遂斷河水四出
壞東郡浮梁河臣力請挽河東流
先是河臣請作軟埽蘇轍奏言東流本人力所開闊止百餘
步冬月河流斷絕故軟堰可為今北流是大河正溜比之東

流何止數倍見今河水行流軟堤何由得至此水官之意欲以軟堤為名寔作硬堰為回河之計耳趙偁又奏言河自横隴六塔商胡小吳百年之間皆從西決蓋河徙之常勢而有司置埽創約横截河流回河不成因為分水近決南宫再決宗城三決内黄亦皆西決則地勢西下可見今欲弭息河患而逆地勢戾水性未見其可也俱不聽自元豐元年河溢北流至此十六年

紹聖元年閉斷北流回河向東行故道

元符二年六月河決内黄東流斷河仍北流

行於深州武強河間樂壽諸州之境正回河諸臣之罪也

元符三年河決蘇村

蘇村埽屬通利軍河北泛也

徽宗崇寧三年開深冀直河以殺水勢

大觀二年河決壞鉅鹿城并還隆平縣城又溢冀州壞信都南

宫二縣

政和五年作滑州三山浮橋決水漂民爲害十月河決棗強

宣和三年六月河溢冀州信都十一月河決清河、水壞滑州

三山浮橋漂没軍民無算

河患北宋最甚仁宗以後幾於無歲不決多緣諸臣私智穿鑿欲立奇功以邀厚賞不顧地勢不念民力不惜國用始建回河之議終進分水之策往往朝奏績而夕漂溺紛紛擾擾迄無成功由不能順其就下之性以導之故也

金

南宋建都臨安金河屬金境河由大名濬州觀州恩州景州滄州清州東出至柳口入海

金世宗大定六年六月河決李固渡水入曹州自元符二年黃河北流至此六十七年

大定十一年河決王村南京孟衛等州界多被其害
大定十七年河決白溝
大定二十年河決衛州及延津京東埽瀰漫至歸德府
大定二十六年河壞衛州城徙衛州胙城縣
范成大北使記云是時河行在滑州南滑州故城已淪于河
大定二十七年河溢衛懷孟鄭四州塞河勞役免一年差稅
大定二十九年河溢曹州小堤之北
章宗明昌五年河決陽武灌封邱而東又自開封決入渦河
是時南北交爭治河方畧必不如前宗之專然河患反稀矣

章宗時河自衛州東南流逕考城曹縣南歷徐邳入海梁山濼
淤自此以後黄河不復過御河爲患甚深識患
此即今河由汴至邳之道也河自漢武帝元光三年瓠子之
決始通淮泗流行二十四年復塞隔一千餘年宋太宗太平
興國八年河決滑州再由曹濟至彭城入淮真宗咸平三年
又自鄆州入淮泗真宗天禧三年又自滑州東入淮神宗熙
寧十年又自滑州南決入淮如是而已獨至此一決河竟以
淮爲歸宿永爲曹單徐邳之患河事一大變也氣數使然豈
人爲之哉

泰和四年徐邳河清
哀宗天興元年決河以限蒙古
金末河決開封入渦河以合淮
先是河決曹單二州刺史言當決大河使北流德博觀滄之
境故堤猶在工役不勞水就下必無漂溺之患至是復決此
黃河由渦入淮之始也
元
世祖至元九年七月河決新鄉
至元十三年河決河南漯郡縣十五役民二十餘萬塞之

至元十七年遣使窮河源
自唐以前俱以鹽澤西之兩河爲河源兩河與黄河不相逮
則以爲伏流蓋臆説也至唐時劉元鼎奉使吐蕃歸述梗概
與杜佑所説皆言之而不詳至此始命都實往窮河源自朵
甘思至積石詳見黄河考
至元二十三年河决開封祥符陳留杞太康通許鄢陵扶溝洧
川尉氏陽武延津中牟原武睢州凡十五處調民夫二十餘
萬分築隄防
至元二十五年河復决開封太康通許杞三縣陳潁二州皆被

其害

至元二十六年開會通河

先是元運道自濟寧分汶水西北流至東平州安民山入清濟故瀆經東阿田利津出海轉從海道進直沽口至京後利津河淤罷東平河運至是以壽張縣尹韓仲暉等言開河通運起鄆城安山渠由壽張東昌又西北至臨清引汶水以達御河凡二百五十里謂之會通河從古治河但欲除害並不慮及漕運自元都燕轉江淮粟實京師歲數百萬於是爲河計者必兼爲漕計而治河益多掣肘矣此亦古今一大變也

至元二十九年開通惠河

成宗元貞元年河決杞縣蒲口北流泛河北山東諸郡縣塞之

復決

命廉訪使尚文相度決河形勢文言自陳留抵睢南岸高于

北岸八九尺水流趨北塞之未便為今之計河西郡縣直順

水性遠築長堤以禦汎濫歸德徐邳民避沖潰聽徙安便被

患之家量于河南退灘地内給付頃畝以為永業異時河決

他所亦如之亦一時救患之良策也不從塞之蒲口復決

元貞二年河決蒲口漂歸德屬縣河流北行故道

大德十年發河南民築河防

武宗至大二年河決歸德又決封邱

仁宗皇慶二年河決陳亳睢州及陳留諸縣

延祐七年七月河決開封縣蘇村

泰定帝泰定二年五月河溢汴梁七月河決陽武

泰定三年脩夏津陽武河堤

文宗至順元年六月河決曹州新旧三堤一時並壞

順帝至正元年河決封邱

至正四年河決曹州又決汴梁又決白茅堤曹濮濟兗皆被水

患河遂行於其間謂之北河

自此北河通南流並微南河即金元向來自汴至邳之河北

河奪濟水故道漢王景所治之汴渠也通沙灣下流合大清

河

至正五年河決濟陰漯官民廬舍殆盡

至正九年河決白茅堤東注沛縣遂成巨浸

至正十一年賈魯塞北河開南河復故道

先是河決集議賈魯謂必塞北河疏南河使復故道役不大

興害不能已從之自黃陵岡南達白茅放於黃固哈只等口

又自黄陵西至楊清村合于故道凡二百八十里五閘月河
成復故道時稱賈魯河自成宗元貞元年南北兩河並行凡
五十六年至是始行于賈魯所開一河
至正二十五年河決小河口由清河入淮
河入淮處向在泗口至是忽改由清口入淮自明至今四百
餘年皆由此道非徒桃宿之間自此多事而淮安清江浦黄
淮漕三大河交通互注防禦為難矣
至正二十六年二月黄河復北徙自東明曹濮下及濟寧皆被
水患清河又淤

自賈魯開河後僅十五年河仍北徙可見尚文北岸低于南，岸河流樂於趨北之言不謬賈魯之役猶為未識水性也南河至是又淤故清河口塞

明

太祖洪武元年河決曹州從雙河口入魚臺徐達遂引決水由塌場入泗以濟運

明初河即元北河及賈魯河二道此決北河之南岸也以後大河由汴城北東經虞城下達濟寧入泗

洪武二十二年河決圓池逕夏邑永城，

洪武二十四年河決原武東南流逕開封陳州至項城沒由潁州至正陽鎮入淮

河在開封府北本去城四十里水東流至此南逕三十五里去城僅五里又南流入淮于是汴北四十里東出之河及賈魯河皆淤又因建都江左江淮之粟不復入燕於是會通河亦淤自洪武元年兩河並行至此二十三年

成祖永樂九年濬會通河侍郎金純自金龍口引河水下達塌場口經二洪南入淮濟運

此即汴北東出之淤河濬之以通運自洪武二十四年河行

新道不由之洪凡一十八年至此仍出二洪兩河並行

永樂十二年陳瑄鑿徐吕二洪以通漕運更於洪口置閘

按二洪爲令大河流行之路來于山峽至不通舟楫須煩鐫鑿而後行又可以置閘則其路之淺澀狹隘可知半天下之水萬里奔趨扼之以一綫之咽喉欲其不潰而他泆也難矣

南渡以後河流常決殆以是歟

英宗正統十三年河決滎陽東過開封府城西南經陳留自亳州入渦河又經蒙城至懷遠入淮汴北五里之新河淤汴城在河北尋決曹濮沖張秋奪汶濟故道會通又淤

此河南北皆決也河自永樂八年兩河並行三十八年至是
又改
正統十四年決口不塞河由大清河入海
河此時併不行于懷遠入淮之河汎濫專在濟鄆
景帝景泰三年河決沙灣
河患專在濟鄆間阻塞運道
景泰四年冬遣徐有貞治決河
景泰七年四月沙灣決河塞疏廣濟渠引河沁之水由澶濮范
壽張逕張秋北出濟漕又分流自蘭陽東至徐州以入漕河

此即滎陽決河由開封城北經曹濮以至沙灣者但有貞不用塞而用疏先疏上流水勢平乃治決決止乃濬淤治之果效是後黃水七分入北三分由二洪入淮

英宗天順六年河決開封城北門

憲宗成化四年鑿徐州洪

徐州洪在徐州城北洪形象川字有三道曰中洪外洪裡洪呂梁洪在徐州城東南六十里有二道曰上洪下洪相距七里皆險要也是時河出張秋故得鑿洪濟運

孝宗宏治一年五月河決開封入淮復決黃陵岡入泗汴南之

新河又淤
宏治三年四月河决原武分為三派一自封邱縣金龍口漫祥符長垣下曹濮冲張秋長提一自中年下尉氏一泛蘭陽儀封考城歸德以至宿州皆浵漫四出不循故道
此河南北並决也
宏治四年遣白昂治决河
先是河决議者欲遶河南行省以避水害不果行乃遣侍郎白昂往治為築陽武長堤以防張秋引中年之决入於淮浚宿州古睢河以達于泗由是河入汴、入睢、入泗、入淮

以達於海又自魚臺歷德州至吳橋修古河堤又自東平至
興濟鑿小河十二道引水入大清河及古黄河以入海水患
安寧
宏治五年河決冲張秋
時河溢汴梁之東蘭陽鄆城諸縣皆被其害復決楊家金龍
寺口東注潰黄陵岡下張秋堤入漕河此決河北岸也
宏治六年遣劉大夏治張秋決河
宏治七年二月河復決張秋由東阿旧盐河入海劉大夏治之
而寧

大夏開孫家渡新河引河水由中牟至穎州東入淮又浚祥
符四府營淤河由陳留至歸德分爲二派一由宿遷小河口
一由亳州渦河入淮又於黄陵岡南濬賈魯河四十里由曹
縣出徐州又築長堤起胙城經滑縣長垣東明曹單至徐州
即今太行堤陂清河口河道由宿遷小河口入淮已又陂由
徐州小浮橋入淮而河又安寧自此大河分四股流行
宏治九年河決考城冲曹縣梁靖口
宏治十一年河決曹單以東皆巨漫阻礙漕運
武宗正德四年河決曹縣楊家口趨沛縣之飛雲橋入運

正德七年曹單河寧黃水盡入二洪
自宏治七年大河分流後凡二十三年遂合為一
正德八年河浸決曹縣從曹縣城北東行曹單城武諸處盡皆
湮沒
世宗嘉靖五年二月河溢壞豊縣城徙治華山以避河患
嘉靖六年河決曹單城武楊家口梁靖口吳士舉莊冲雞鳴臺
嘉靖七年河決洑廟道口運河三十餘里沛北爲田浸東溢濯
昭陽湖阻運道盛應期奏開趙皮寨白河一帶分殺水勢
嘉靖八年飛雲橋水北徙魚臺穀亭舟行脾面

嘉靖九年河決單縣塌場口沖穀亭水停三年不去

嘉靖十三年河決趙皮寨向亳泗又由渠靖口奔金河口東出穀亭之流絶運河於二洪涸秋冬又忽自夏邑縣攻開数口轉向東北流經蕭縣之南仍出徐州小浮橋下濟二洪趙皮寨之流又塞河勢南趋

按此出小浮橋之河即所謂老黄河也其河自新集流經潛家口丁家道口馬牧集韓家道口司家道口牛黄堌趙家圈至蕭縣薊門東出徐州小浮橋峄澗底深水勢安流常時謂之銅幫鐵底河行其間既於運道無虞亦于民田無害以故

商賈通行民称便利

嘉靖十九年河決睢州野雞岡由渦河入淮孫繼口出徐之流淤二洪大涸河臣王以旂開李景高口支河一道引水出徐州濟二洪漕道河益南趨

嘉靖二十年鑿平徐州洪

是年二洪淺阻粮運不通議復海運

嘉靖二十一年李景高口支河復淤

開濬僅二年自此河仍專行於新集老河故道但淤淺不如前矣

嘉靖二十三年鑿平呂梁洪

嘉靖二十六年河決曹縣衛穀亭河臣詹瀚治之堤成運道通

此河北決也

嘉靖三十年淮黄北出由草湾至赤晏庙浸帰大河在南西橋

一帯六十里故道淤又決徐州磨臍溝大河遂奪

嘉靖三十二年河決房村至曲頭集淤四十里河臣曾鈞塞之

此河南決也草湾河是年始通

嘉靖三十七年新集老黄河淤凡淤二百五十餘里河北徙行

於濁河

新集河淤二百五十餘里皆爲陸地河趨東北段家口分爲六股爲大溜溝小溜溝秦溝濁河胭脂溝飛雲橋俱從運河至徐又分一股從碭山堅城集下郭貫樓又分五小股爲龍溝毋河梁樓溝楊氏溝胡居溝亦由小浮橋入洪共十一股俱會於徐州徐州二洪自以不涸三十八年至四十三年河俱行此數溝然分多則水力弱水力弱洪之漸也

嘉靖四十四年十一派之河淤遂決豐縣之華山水出飛雲橋分十三股入運河至胡陵城口漫入昭陽湖泛濫而東河勢浩渺河臣朱衡請開夏鎮新河自留城至南陽一百四十里

水始南趨秦溝沛流斷

夏鎮新河在昭陽湖東嘉靖七年河臣盛應期嘗發民夫開濬中止至是潘季馴尋應期所開道復鑿之八閱月而河成

嘉靖四十五年河決沛縣沖運河淮河海口漸淤此決河北岸也

穆宗隆慶元年正月河南沖濁河雞爪溝入洪河自此行于新集北虞城北單縣南碭山北華山南由秦溝入二洪所謂中路濁河也然河南北尚有支河未盡合一也

隆慶二年河南北諸支河悉并流於秦溝

于是諸河合一尽由秦溝入二洪矣

隆慶三年河大漲徐州上下悉爲巨浸山東莒郯諸處水溢從沂河直河灌入邳州河臣請鑿鴻溝廢渠以洩之諸河合流入二洪二洪不能容病在下流故漲溢山東諸泉復灌邳州病在上流故開河洩之鴻溝廢渠在新河西昭陽東沙薛二水由此入運

隆慶四年高堰潰決九月河決邳州自睢寧至宿遷小河口淤一百八十餘里漕艘試海運

河患自此多在徐沛邳

隆慶五年河決淤溝分十一派枝流散漫幹河淤塞乃於鈯頭
灣八十里河臣潘季馴治之而通
先是河溢徐州茶城至吕梁兩崖爲山所束不得下又不得
決至是乃由淤溝而下北決油房口曹家口青羊口南決閻
家口曲頭集口馬家淺口閻家口張擺渡口王家口房家口
白粮淺口凡十一派枝河散漫幹河遂淤乃塞鈯頭灣八十
里潘季馴爲濬鈯頭灣一溝導十一派之水併行其中於是
溝大通利故道漸復鈯頭灣在邳州東二十里河故道即由
新集至小浮橋老黄河道

隆慶六年春河決邳州水行符離灵壁運道阻尚書朱衡爲築茶城至宿遷河南北兩堤長三百七十里束水濟運、道通

神宗萬曆元年河決房村河臣請築沛縣窰子頭至秦溝口堤七十里接古遙堤又於新堤外別築遙堤而河患寧是年停海運

萬曆二年河決邳州

萬曆三年河從崔鎮等口北、決淮水從高家堰東決徐沛以下至淮南北漂沒千里黄淮合流爲患下河七州縣

此河水由高家堰爲患下河之始也高家堰在淮安府城西

六十里淮河南峙漢廣陵守陳登所築以防淮水南決者也
是時淮水獨流入海尚虞泛漲况今黄淮交會漕河北出三
路大河正當其地苟一隙防不惟淮水南浸而黄河亦犇之
而倒淮于下河矣其地又多罕窪流速不去害可勝言哉前
此未嘗決也至此而決河隄一開遂為下河七州縣大患
萬歷四年河決魯家口泛曹單金魚諸邑
萬歷五年築清江浦以禦淮黄合流為患是年海口淤議設水
官專濬海道
清江浦雖瀕河前此未嘗決自高堰決清口淤黄淮始為患

淮安城堞如在釜底惟恃一線土堤禦兩大河滔天之勢清
江浦始為重地至是築堤爲郡城計

萬歴六年河臣潘季馴築高家堰堤六十里柳浦灣東隄三十
里西隄四十里築徐睢邳宿桃清兩岸遥堤使黄淮兩河各
行其道不致外決築碭山豐縣兩大壩約束河水不得北徙
又築徐沛豐碭縷隄一百四十餘里築歸仁堤四十里於是
淮水畢趨清口會河入海、口不濬自通

萬曆十三年河決萬家口淹淮城

萬曆十四年河決淹淮安府城

自萬曆三年河決高堰後至是十一年河患多在淮安府境
萬曆十五年河決劉獸医口等堤十餘処河南徙決口尋塞加
築邊堤
萬曆十六年河仍行州湾故河復淤
萬曆十七年河決金龍口入長垣東明二縣又決变溝单家口
又決李景高口入睢陳故道尋塞之
萬曆十九年須築河上邊堤沁河決蓮花口水浸穫嘉新鄉一
帶尋塞之
萬歷二十一年五月河決単縣之黄堌分為二派一由徐州出

小浮橋一由舊河達顛口閘尋塞之

以上四次河決俱用築塞

萬歷二十二年六月黄河大漲清口沙墊阻遏淮水不得東下

於是挾上源阜陵諸湖与山溪之水浸灌泗州城　月河水

挾淮水倒灌高郵

泗州瀕淮而近洪澤白洋諸河又環繞其間勢最危險以

有陵寢故倫禦亦最至是被浸嗣後州城每在波濤中矣高

郵城東西皆湖清水潭尤極低窪為下河七州縣受水門户

至是被浸亦從來所無也

萬歷二十三年河水挾淮水由郜伯埭下芒稲河入江
江淮從古不通自吳開邗溝始通舟楫而河淮之漲水從未
由江以達海也此時淮受決河而注於江是即黃河入江之
始矣履霜堅冰至可不慮哉

萬歷二十四年開桃源縣北黃壩新河分洩黃水入海疏淮河
南岍諸湖以分洩淮水黃淮安流而水患寧

萬曆二十五年河大決單縣之黃堌口溢於河南之夏邑永城
界經宿州之符離橋出宿遷新河口入大河半由徐州入舊
河而二洪涸河臣議開李吉口河以挽黃流河成尋淤乃建

六閘于河中節宣山東汶泗之水聊以濟運
黄堌口賈魯旧河所經處河由此南流轉東經符離橋出宿
遷去秦溝之故道遠甚其行于二洪者無幾故涸李吉口在
黄堌東大河北岸從此開河欲挽黄流東出濟運乃河成而
復涸二洪終無水也故建閘河中節宣汶泗諸泉聊以濟運
一時权宜之策非經久之計也

萬歷二十六年議開趙渠

萬歷二十九年河決蕭家口全河南徙
即半入徐州之水亦并歸決河故云全河南徙由韓家道至

趙家圏一百餘里冲刷成河即賈魯河故道

萬歷三十年河決蒙墻潍商邱永城下流由洪澤入淮

商邱永城即二十五年決河所過但是時決河下流仍從清

河入淮此由洪澤其入淮處亦復不全耳

萬歷三十一年河決單縣之蘇庄冲沛縣大行隄灌昭陽湖入

夏鎮横冲運道

此河北決也先是河臣曾如春開王家口以挽河流決河廣

八十餘丈新河僅三十丈狹不能容一夕水漲河遂大決

萬歷三十二年河臣李化龍開泇河二百六十餘里以避黄險

秋河决蘇庄淹豐沛灌濟寧單縣魚臺爲甚九月開分水河
泇河之議始自隆慶時後屢請濬治輒中止至是李化龍復
請開之其言曰河自開封歸德而下其路有三由蘭陽出茶
城向徐邳名濁河爲中路由曹單豐沛出飛雲橋向徐溝名
銀河爲北路由潘家口入宿遷出小河口名符離河爲南路
惟中路爲宜自開泇河中有郗山鑿而成渠自此二洪雖涸
不虞其阻運矣

萬歷三十三年吕梁河淤河臣議疏朱旺以東河道
朱旺口在碭山縣北蓋由蘇庄至秦溝現行之河至是又淤

乃議開濬導水濟運

萬歷三十四年朱旺河成自朱旺口由堅城集出徐州小浮橋

一百七十里河歸故道

萬歷三十九年六月河決徐州狼矢溝尋塞之

此決河北岸也

萬歷四十年河決徐州之三山水灌睢寧寺处出白洋小河口

仍入黃河尋塞

此決河南岸也

萬歷四十一年河決靈壁之陳鋪至冬復故

萬歷四十四年五月河復決狼矢溝水由蛤蟆周柳寺湖入泇
河出直口復与河會
此河北決梗新開運道也
萬歷四十六年決口自淤河復故道八月河決開封之陶家店
張家灣水由陳留諸处入亳州渦河尋復故道
萬歷四十七年九月河決開封之胖沙堽水由封邱曹單至考
城仍入旧河、臣王佐塞之
熹宗天啟元年河決靈壁之双溝黃鋪水由永姬湖出白洋小
河口仍与河會故道湮涸又淮黃並漲淮安府裡外河皆決

滙成巨浸
天啟二年河潍下河挾淮水俱由興化五場出海
天啟三年河決徐州徐邳靈睢諸州縣黄河並漲上下一百五
十餘里盡為平陸
天啟四年河臣治徐州決河尋塞之河復故七月淮安外河復
決
天啟六年河臣李從心開陳溝驛馬湖新河
懷宗崇禎六年運河淺阻
崇禎八年河臣劉榮嗣引河注運ヽ道益阻

孫承澤河紀云時駱馬湖潰決泇河運道中阻荣嗣創挽河之議起宿遷至徐州别鑿新河分黄水注其中以通漕運無如邳州上下悉黄河故道濬之尺許其下皆沙每挑掘成河經宿沙落河坎復平如此者数四追引黄水入其中波流迅急冲沙隨水而下淺淤不可行舟

崇禎十五年河決開封漂没人民無筭水由陳潁東出

孫承澤河紀云開封城南高北下所患在河北荆隆口一帶旧常潰決河南重堤宋人所築號之白金堤取用許州之土堅如鉄石是年之決原出人為非因河勢今河雖南流泛濫

各縣未有渠道治之或不甚難河臣周堪賡治之踰月而塞

汴城之決雖本氣數亦由人事蓋官軍與流賊交鑿以相灌

注而河遂因之大決直趨赴城一夕淹壞河水仍繞城南下

分數道或入泗或入渦河汎濫瀰漫為東南患時軍興旁午

也暇治也

國朝

世祖章皇帝順治二年河決考城流通口

順治七年河決封邱荆隆口

順治九年河決封邱大王廟又決邳州

順治十四年河决祥符槐疙瘩

順治十五年河决山陽柴溝姚家蕩

順治十七年河决虞城羅家口

聖祖仁皇帝康熙元年河决曹縣石香爐又决武陟大村又沖

中牟黄練集

康熙四年河决安東茆良口

康熙七年河决桃源黄家嘴始作滚水壩于歸仁堤

康熙九年河决曹縣又决洪澤湖高家堰武家墩及清水潭

康熙十年河决桃源陳家樓又决七里溝

康熙十一年河決清水潭

康熙十二年河決桃源新庄口又決洪澤高良澗又決清水潭

康熙十四年河決徐州潘家塘宿遷蔡家樓入決江都邵伯湖

康熙十五年河決宿遷白洋河于家岡又決清河張家庄王家營及下河七州縣

康熙十六年河決清河北泛海州安東諸处南泛下河七州縣

遣河臣靳輔治之河復故道

輔之治河也以漢賈讓多開水門分殺河勢之策為非謂黄河所經早即淤高雖開水門数年之後水門淤在泥沙中水

從何致其策一以因勢利導爲主疏下流塞決口築堤束水蓋宗明臣潘季馴之說而変通之者也任河事十餘年而河果大治

康熙十八年河決山陽之戚家橋

康熙二十年清口淤河決高家堰淮下河七州縣

康熙二十一年河決宿遷徐家灣又決蕭家渡河水迳注海州沭陽等処横流入海

康熙二十六年開漕運新河

明時開駱馬後漕運之行于河者尚二百餘里至是開新河

由清河縣出口向北行直抵駱馬湖河口竟不經由桃宿一
帶黄河之險而絶河而通僅七里云
康熙三十五年河決